AF346507

Lieutenant-Colonel **REBOUL**

MOBILISATION INDUSTRIELLE

TOME I

DES FABRICATIONS DE GUERRE EN FRANCE DE 1914 à 1918

AVEC 4 GRAPHIQUES

BERGER-LEVRAULT, ÉDITEURS

NANCY - PARIS - STRASBOURG

1925

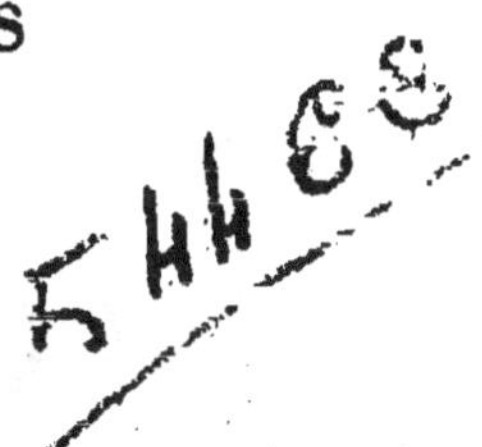

MOBILISATION INDUSTRIELLE

TOME I

Lieutenant-Colonel **REBOUL**

MOBILISATION INDUSTRIELLE

TOME I

DES FABRICATIONS DE GUERRE EN FRANCE
DE 1914 A 1918

AVEC 4 GRAPHIQUES

PARIS

BERGER-LEVRAULT, ÉDITEURS

136, Boulevard Saint-Germain (VIe).

1925

AVANT-PROPOS

Dans les premiers mois de 1922, nous apprenions, au hasard d'une conversation, que nos services d'État liquidaient une partie des stocks de mercure que nous avions eu tant de peine à constituer pendant la guerre. Tout ce que nous vendions prenait peu à peu, par des voies détournées, le chemin de l'Allemagne. Peu de jours après, on nous avisait d'une autre nouvelle tout aussi significative : le Reich accaparait tout le wolfram qu'il pouvait acheter sur le marché mondial. Or, le wolfram est le minerai d'où l'on extrait le tungstène qu'on emploie dans la fabrication des aciers pour canons, et le mercure est un métal dont on ne peut se passer en cas d'hostilités; il sert à faire détoner les poudres, éclater les projectiles.

« Pour quelles raisons l'Allemagne accapare-t-elle ces métaux? Ses industriels, en accumulant dans leurs usines des approvisionnements supérieurs à plus d'une année de leur consommation normale, immobilisent une partie de leurs capitaux. Ils n'ont pas intérêt à le faire. S'ils agissent ainsi, c'est qu'ils y sont poussés, c'est qu'ils obéissent à un mot d'ordre. Seul, le Reich dispose d'une puissance suffisante pour les obliger à s'écarter des règles d'une bonne exploitation industrielle; seul, aussi, il peut les dédommager des frais supplémentaires qu'il leur impose, en les exemptant d'impôts ou de droits de douane, en leur accordant des ristournes sur leurs impôts déjà versés, etc... Pour consentir lui-même de tels sacrifices pécuniaires, il faut qu'il ait un intérêt majeur à le faire, il faut qu'il poursuive un but secret. Se préparerait-il à la guerre? Chercherait-il à accumuler à l'avance, sur son territoire, les matières premières dont il serait privé, en cas de conflit nouveau? »

Telles furent nos premières pensées. A la vérité, ce n'étaient que des hypothèses; elles ne reposaient sur aucun fondement certain. Avant de rien conclure, il fallait recouper ces renseignements, les vérifier. « Les cas qu'on nous avait cités seraient-ils uniquement des faits isolés? Peut-on constater ce même phénomène de stockage pour d'autres produits indispensables pour les fabrications de guerre? Quelles sont les réserves de l'Allemagne en matières premières? » Toutes ces interrogations, nous nous les sommes posées et nous nous sommes donné pour tâche de les élucider.

Dans une enquête faite sur place, il nous fut facile d'apprendre que le Reich emmagasinait tous les produits indispensables aux besoins de la guerre, du brome à la laine. Les réserves de son industrie en matières premières représentent normalement trois mois de sa consommation courante. Celles des matières nécessaires à ses fabrications de guerre étaient, en fin 1923, au minimum, d'un an. Depuis, leur importance n'a pas diminué; certains stocks ont augmenté, celui du cuivre notamment. A la fin de 1923, on pouvait admettre que le Reich avait déjà mis au point la mobilisation de son industrie. Étant donnés les frais que ces mesures entraînent, il n'a pu le faire évidemment qu'en vue d'une guerre prochaine.

Nous pouvons donc, demain, nous trouver entraînés, malgré nous, dans un nouveau conflit. « Notre mobilisation industrielle est-elle, en France, préparée dans tous ses détails? En cas d'hostilités, disposerons-nous des matières premières indispensables? Pour certaines d'entre elles, ne dépendons-nous pas de l'étranger? Pour celles-là, ne serait-il pas possible de rassembler, à l'avance, des approvisionnements de mobilisation? Pourrait-on les constituer en vue d'une campagne de trois mois, de six mois, d'un an? Par quels moyens y parvenir? »

Telle est la deuxième série de questions angoissantes qui a assailli notre esprit, dès que nous eûmes acquis la conviction que l'Allemagne rassemblait ses moyens en vue d'une guerre prochaine. Pour y répondre, nous avons été conduit à entreprendre une deuxième enquête, en France, sur les besoins de notre industrie en temps de guerre, sur ses ressources normales. Au fur et à mesure de nos recherches, nous en avons publié les résultats dans le *Temps,* sous forme de monographies.

Ces études, nous les avons reprises, nous les avons complétées; des faits qu'elles nous ont révélés, nous avons tiré des conclusions. Elles constituent la deuxième partie de l'ensemble (1) de notre travail. La première est consacrée aux difficultés éprouvées, tant en France qu'à l'étranger, pendant la guerre de 1914-1918, pour l'organisation des fabrications de guerre (2). La troisième partie traite de la conception des divers États en tant que mobilisation industrielle, des lois ou projets de loi qu'ils ont adoptés ou déposés pour leur permettre de la déclencher dans le minimum de temps (3).

Dans ces études successives, nous avons toujours tenu compte de l'expérience. C'est de ses enseignements que nous sommes parti pour formuler nos conclusions.

* *
*

La mobilisation industrielle constitue un problème extrêmement complexe; elle intéresse toutes les branches de l'activité d'une nation. L'issue de la guerre pouvant en dépendre, sa solution doit être aussi parfaite que possible. A notre époque de progrès industriels, où l'armement se perfectionne cha-

_____

(1) Elles forment les volumes 3 et 4.
(2) Volumes nos 1 et 2.
(3) Volume no 5.

que jour, où les effectifs mis en ligne des deux côtés se balancent, le succès ira, vraisemblablement, à celui des adversaires qui pourra, dans le minimum de temps, mettre au point une invention nouvelle pour créer, à son profit, la surprise.

Depuis que les armées se heurtent, le but du chef est resté le même. Il cherche, par la ruse ou par une manœuvre soudaine, à placer son adversaire dans une situation nouvelle, inattendue, pour l'obliger à changer brusquement ses projets, son dispositif, pour l'empêcher de prendre l'offensive, pour le forcer à accepter la lutte dans de mauvaises conditions.

La surprise peut être d'ordre stratégique (1), d'ordre tactique ou d'ordre technique. Elle est d'ordre stratégique lorsqu'elle est provoquée par l'emploi de forces sur une partie du théâtre des opérations où l'ennemi ne les attend pas. C'est le cas de la manœuvre allemande du début de la guerre de 1914,

----

(1) D'une manière générale, on appelle « stratégie » la partie des opérations militaires qui embrasse tout un théâtre de la guerre ; sous ce nom, on comprend la conception de la manœuvre, la direction des grandes unités. Le mot « tactique » s'applique plus spécialement à l'exécution, à l'emploi des armes dans la bataille.

lorsque l'aile droite des armées impériales exécute, par les routes au nord de la Meuse, son large mouvement d'enveloppement.

Elle est d'ordre tactique lorsqu'il s'agit d'une manœuvre inattendue sur le champ de bataille, d'un procédé de combat nouveau propre à déjouer les dispositions de l'adversaire. C'est la manœuvre d'Hannibal à Cannes; c'est la manœuvre en ordre oblique de Frédéric II; c'est la tactique inaugurée par les Alliés en 1916 quand, pour échapper aux effets de la préparation d'artillerie, ils reportent la défense en dehors des positions organisées, soit en avant dans le *no mans land* piqueté d'entonnoirs, soit en arrière, sur la contre-pente échappant aux vues de l'ennemi.

La surprise technique est produite par l'emploi, sur le champ de bataille, d'un engin nouveau contre lequel l'ennemi ne sait pas encore se défendre. Ce sont les arbalétriers anglais à Azincourt, qui jettent par terre toute la chevalerie française. De nos jours, ce sont les gaz toxiques qui annihilent l'adversaire dépourvu de masques, ce sont les chars d'assaut qui réduisent les mitrailleuses, sur lesquelles compte le défenseur pour lutter sur ses positions successives.

Avec les effectifs actuels, la surprise tactique, à moins d'un concours de circonstances heureuses qu'on ne peut prévoir, ne pourra procurer que des succès locaux. Jadis, elle était la règle. La surprise stratégique reste difficile à réaliser; elle suppose ou des espaces vides ou des fronts très faiblement occupés, ou des transports aériens en masses importantes. Elle n'est possible en tout cas, que si un des deux adversaires dispose sur l'autre d'une grosse supériorité en moyens de transport, ce qui, au fond, la ramène, elle aussi, à la surprise d'ordre technique ou scientifique. Cette dernière pourra prendre, elle, les formes les plus inattendues, tant sont grandes actuellement les possibilités de la métallurgie, de l'électricité, de la chimie, de la biologie.

C'est en vue de toutes ces éventualités qu'il faut s'outiller.

Qui sait même s'il ne faudra pas avant les hostilités déclencher tout l'ensemble du mécanisme de notre mobilisation industrielle qui, pour la plupart des esprits pourtant, ne doit fonctionner qu'après la déclaration de guerre? Expliquons-nous.

La fabrication en série, la mise en service d'un matériel d'artillerie ou d'un armement d'infanterie, demanderont un certain laps de temps qui sera fonction des possibilités industrielles de chaque État. Admettons que ce laps de temps soit d'un an pour les grandes puissances industrielles. Le personnel appelé à se servir d'un matériel nouveau, ne le connaît pas instantanément. Pour lui apprendre à le manier, à l'utiliser rationnellement, il lui faut une période d'instruction qu'on peut évaluer, au minimum, à six mois.

Si l'Allemagne veut nous attaquer avec le maximum de chances de succès, elle devra le faire au moment où son armée disposera d'un matériel nouveau dont elle connaîtra les propriétés, et avant que nous n'ayons eu le temps d'en construire un autre de valeur égale. Elle tirera ainsi parti d'une supériorité momentanée. Si nous admettons comme délais de fabrication et d'instruction respectivement un an et six mois, elle devra déclencher ses fabrications de guerre en série dix-huit mois avant le jour où elle voudra entamer la lutte.

Pour pouvoir lutter à chances égales contre

le Reich, il faudra que nous, ses adversaires, nous puissions entrer en campagne avec un matériel comparable, connu de nos cadres et de nos troupes.

Cela exige :

1º Un bon service de renseignements, pour être prévenus rapidement du début des fabrications de 'guerre en Allemagne. Si nos mesures sont bien prises, nous en serons informés deux mois-au plus après la mise en route de ces fabrications;

2º la recherche constante des progrès à réaliser dans notre armement. Toujours nous devons avoir des armes nouvelles en construction, d'autres en expérience; toujours nous devons posséder l'outillage nécessaire pour la fabrication en grand des modèles adoptés, afin de passer, sans délai, à la production en série. Les progrès techniques étant sensiblement parallèles chez les diverses nations occidentales, il est à supposer que les deux matériels de guerre adoptés en même temps seront équivalents;

3º une mobilisation industrielle extrêmement poussée, afin de gagner les deux ou trois mois de retard que nous aurons sur l'Allemagne.

Si ces conditions sont réalisées, nous sortirons notre matériel aussi rapidement que le Reich. Nos troupes pourront le connaître avant d'avoir à s'en servir sur les champs de bataille. La surprise ne sera plus possible. Peut-être même, grâce à cette bienheureuse préparation, pourrons-nous éviter la guerre?

Les formes actuelles de la lutte, où la technique intervient chaque jour d'une façon plus puissante, favorisent les puissances agressives, celles qui veulent la guerre, qui la préparent pour une date fixe. Les nations qui, comme la France, ne désirent que la paix, ne pourront se protéger qu'en améliorant sans cesse leur service de renseignements et leur mobilisation industrielle de manière à fabriquer leur matériel de guerre plus rapidement que les États qui veulent les attaquer. Nous pouvons y parvenir en France — malgré le désavantage dû à l'infériorité d'une partie de notre industrie par rapport à celle de l'Allemagne — à condition d'apporter à cette préparation un soin minutieux. Elle doit être aussi poussée, aussi parfaite que notre mobilisation militaire.

*
* *

C'est dans cet esprit que nous avons conçu et écrit la *Mobilisation Industrielle*. En publiant ces notes, nous avons surtout voulu attirer l'attention du public sur ce sujet; nous serions heureux de pouvoir l'intéresser à ces questions. S'il en comprend l'importance, il saura exiger des gouvernements successifs la prompte réalisation de ce qui sera, demain, notre moyen de salut.

Paris, le 1er septembre 1924.

C. REBOUL.

magne ne serait pas réglé dans une seule grande bataille. Ils basaient leur conviction tant sur les enseignements de la guerre russo-japonaise et sur ceux des guerres balkaniques que sur la lenteur de la mobilisation russe et sur la faiblesse des forces expéditionnaires britanniques. Ils déclaraient que nous aurions intérêt à temporiser au début d'une guerre mondiale, à ne pas affronter seuls la masse allemande. Les avertissements ne nous ont donc pas manqué avant 1914. Nous aurions dû en tenir compte. Ils méritaient d'autant plus d'être pris en considération, qu'ils venaient, pour la plupart, de personnes compétentes et estimées. Parmi elles, il faut citer notamment le général Langlois, l'ancien commandant de l'École de Guerre, le père de l'artillerie à tir rapide. Dans la *Revue Militaire Générale* d'octobre 1911, il prenait nettement parti pour le général Mordacq, alors commandant, celui-ci soutenant, contre l'opinion générale, que la prochaine guerre serait de longue durée. Le général Langlois écrivait, à ce sujet, ces paroles prophétiques : « Faire croire à l'Armée, à la nation, qu'il nous faut absolument accepter, dès le début, une grande bataille qui serait décisive et terminerait la guerre en quelques semaines, n'est-ce pas faire le jeu de nos adversaires ?

« Nous devons avoir la conviction profonde que la lutte doit et peut durer, jusqu'au moment où seront prêtes à agir avec nous nos troupes d'Algérie, ainsi que les armées amies et alliées de l'Angleterre et de la Russie ; alors, et alors seulement, ce sera la guerre à outrance ; celle-ci ne se bornera pas, vraisemblablement, à une seule grande bataille de quelques jours ; elle durera longtemps et la victoire restera au plus tenace.

« Voilà ce qu'il faut faire pénétrer dans tous les cœurs français ; voilà ce qu'on ne saurait trop dire ni trop répéter ; voilà ce qu'il faut écrire dans tous les journaux, surtout dans les plus populaires, voilà ce qu'il faut enseigner dans nos écoles et dans nos régiments : *la victoire au plus tenace.* Telle est la vérité. »

*
* *

L'État-Major de l'Armée et la Direction de l'Artillerie restèrent sourds à ces objurgations. Aveugles et ne voulant pas voir, ils avaient, de parti pris, négligé l'étude détaillée des campagnes les plus récentes ; ils n'avaient tenu aucun compte des consommations de munitions pendant les derniers combats. L'État-Major de l'Armée, qui avait imposé la doctrine de la guerre de courte durée, rendit officielle celle de la toute-puissance du mouvement et de la supériorité de l'offensive. Ce n'étaient là que des conséquences du dogme de la prépondérance des forces morales, dogme excellent en soi, qui est nécessairement à la base de toute doctrine militaire, mais qu'il ne faut point exagérer. Méconnaissant complètement les réalités, notre armée de 1914 croyait en ces deux idées fausses : à la toute-puissance du mouvement et à la guerre de courte durée. Ces deux idées nous furent aussi funestes l'une que l'autre.

La première nous fit négliger la fortification, mépriser le feu. Ce fut elle qui nous amena à entrer en campagne avec une section de mitrailleuses par bataillon, alors que les Allemands disposaient d'une dotation triple; ce fut elle qui poussa certains de nos commandants de bataillon à laisser leurs mitrailleuses à l'arrière avec leurs bagages, sous prétexte qu'elles auraient ralenti la progression des compagnies; ce fut elle qui fit lancer nos vaillantes troupes à l'assaut, à plus de 700 mètres, sur des lisières de bois ou de villages organisés défensivement; ce fut elle qui nous empêcha d'exiger des pouvoirs publics une artillerie lourde et un fusil automatique pour notre infanterie. Voilà à quelles erreurs nous a conduits, au point de vue tactique, le respect trop absolu de ce premier axiôme.

Cette même idée, transposée dans le domaine stratégique, nous a inculqué l'idée de l'offensive à outrance. Nous avons perdu ainsi la notion de l'avant-garde, celle de la sûreté; nous avons négligé le renseignement. Que de fois n'avons-nous pas entendu dire autour de nous : « J'attaquerai l'ennemi, partout où je le rencontrerai, avec la dernière des brutalités, pour lui imposer ma volonté.

Pour le frapper plus rapidement, je mettrai en ligne, d'emblée, le plus d'unités possible. Il faut que l'attaque galope. L'ennemi sera obligé de venir avec toutes ses forces là où je bourrerai; il ne pourra plus manœuvrer, il sera battu. » C'est en poussant ce raisonnement à l'extrême que nous avons été amenés à adopter le fameux plan 17. Nous avons voulu faire sauter la charnière, le point de soudure de l'armée allemande. Confiant en l'infaillibilité de l'offensive à outrance, nos armées se sont lancées en Lorraine à l'attaque de régions fortifiées; ce fut l'échec sanglant de Morhange. Les mêmes raisons expliquent Neufchâteau et Charleroi. Partout, nous n'avons pensé qu'à marcher de l'avant, qu'à bourrer. Qu'importait le matériel ! Qu'importaient les usines qui le produisaient !

L'application du deuxième principe — la lutte ne peut être que de courte durée — fut tout aussi désastreuse. Il nous empêcha de préparer notre mobilisation industrielle. Le raisonnement que nous nous faisions était simple : « Le sort de la guerre sera réglé un mois ou deux, au plus, après le début des hostilités. Pourquoi, dans ces conditions, mettre sur pied une organisation qui ne produira ses effets que trop tard ? Mieux vaut ne pas enlever un seul soldat au rang, afin de disposer, sur le champ de bataille, de l'effectif maximum. »

Partant de ce deuxième principe, nous en avons tiré deux conséquences qui pesèrent lourdement sur le sort de la campagne. La première, c'est qu'il suffisait de disposer d'approvisionnements relativement faibles; nous avions restreint nos stocks à des chiffres dérisoires. L'approvisionnement initial de notre matériel de 75 avait été fixé à 1.000 coups par pièce; il ne fut augmenté légèrement que quelques mois avant la guerre. La deuxième conséquence, c'est que, pendant les hostilités, notre activité industrielle devait se borner à réparer le matériel endommagé et à fabriquer 13.000 coups de 75 par jour, c'est-à-dire trois coups par pièce. Les ateliers et les arsenaux de l'État devaient suffire à ce rôle. On leur assura l'effectif nécessaire pour cette production, en mettant une partie de leur personnel en sursis d'appel. On ne fit rien pour l'industrie privée. Seules, quelques très grosses sociétés, comme Le Creusot et Saint-Chamond, qui devaient poursuivre certaines fabrications spéciales, obtinrent qu'une faible proportion de leurs ingénieurs et de leurs spécialistes leur fût laissée provisoirement. Toutes les autres usines durent fermer leurs portes ou ne marcher qu'au ralenti, avec des employés et des ouvriers non touchés par la loi militaire.

*
* *

Cette non-compréhension des besoins de la guerre moderne a retardé notre victoire de plusieurs années. Quand les armées allemandes abordèrent la région parisienne, au début de septembre 1914, la fabrication des obus de 75 tomba à 7.000 par jour (1), quantité insignifiante eu égard aux besoins de nos armées, où les munitions se faisaient rares. La bataille de la Marne fit, dans nos approvisionnements, une brèche profonde. Elle fut telle que, en plein combat, il fallut prélever des munitions sur les corps de plusieurs armées, notamment sur ceux de la IVe sur la Marne et sur ceux de la VIe sur l'Oise, pour les envoyer à des unités fortement engagées. On épuisa d'abord les ressources des parcs; plus tard, on fit appel aux approvisionnements mêmes des batteries (2). Quelques jours après, il fallut recourir au même procédé, pour envoyer des munitions dans le Nord ; c'était une nécessité impérieuse, devant laquelle tout le monde s'inclina. Au début d'octobre, à la suite de ces emprunts, les approvisionnements des corps de la VIe armée étaient réduits à 100 coups par pièce, et encore sur ces 100 coups, 10 étaient-ils constitués par des obus d'exercice, en fonte, chargés en poudre noire, et, par suite, sans grande valeur.

---

(1) L'avance allemande nous priva de plusieurs de nos ateliers de fabrication ; le seul atelier de Douai produisait, par jour, 600 obus de 120, 400.000 cartouches, etc.

(2) Par suite de la grandeur des consommations, grandeur qu'on n'avait pas soupçonnée avant la guerre, l'avant avait absorbé toutes les ressources en munitions qui étaient dans son voisinage. A la fin de la bataille de la Marne, il n'y avait plus de munitions qu'à l'extrême avant et à l'extrême arrière. Tous les échelons intermédiaires étaient vides.

Le 10 septembre, notre artillerie de campagne n'était plus approvisionnée qu'à 500 coups par pièce, dont 250 environ à la réserve du général en chef. Les batteries auraient dû en avoir 312 dans leurs coffres !

Cela n'empêcha pas le commandement de pousser les exécutants à attaquer. Par quatre fois, du 1er octobre au 15 novembre, la VIe armée reçut des ordres d'offensive à tout prix. On voulait accrocher les Allemands, les empêcher de faire filer leurs forces vers le Nord; on entrevit même, un moment, la possibilité de crever leur front dégarni. Dans ces projets, on ne tenait aucun compte de notre pénurie en munitions. Elle était telle, cependant, que pour ces offensives sur lesquelles on fondait tant d'espoirs, les corps assaillants ne recevaient que des allocations en munitions ridicules. Ils étaient autorisés à consommer, au maximum, quelques dizaines de coups par pièce ! Ces attaques, entreprises sans moyens suffisants, échouèrent; certaines furent désastreuses. Dans toutes ces affaires, notre infanterie donna seule; aussi, subit-elle des pertes sérieuses qui, un moment, lui enlevèrent de son esprit offensif. Presque toujours, malgré son ardeur, malgré son dévouement, malgré ses pertes, elle fut ramenée à ses positions de départ.

Avant ces attaques, il eût été facile de prévoir que l'insuffisance de nos moyens d'action ne nous permettrait, au maximum, que des succès locaux et coûteux. Nous aurions dû savoir depuis août que, sans artillerie, l'infanterie ne peut guère progresser. La poursuite des armées allemandes après la Marne avait confirmé les leçons de Morhange et de Neufchâteau. Comment oublier que c'est faute d'avoir pu disposer à ce moment de 1.500 à 2.000 coups par pièce, faute d'avoir pu combler les vides produits dans nos approvisionnements par plusieurs journées de bataille, que l'Allemand a pu faire front aussi rapidement qu'il le fit. Si nous avions eu des projectiles dans nos coffres, il aurait dû, pour se reconstituer, se reporter plus en arrière; peut-être même, aurait-il dû repasser nos frontières. Nos départements du Nord n'auraient pas été détruits, la guerre ne se serait pas éternisée sur le sol français; elle ne l'aurait pas ruiné. Faute de munitions, nous avons dû suspendre, puis cesser nos attaques en septembre; en les reprenant sans que notre situation enprojectiles se soit améliorée, nous avons commis une faute.

Quelques esprits, qui ont gardé la mentalité d'avant guerre, objectent qu'en éduquant mieux le soldat, qu'en lui inculquant l'idée que ses pertes sont sensiblement les mêmes qu'il fonce ou qu'il reste sur place, il nous eût été possible de faire mieux en septembre 1914 et d'obtenir plus rapidement et à moins de frais le succès. Ceux qui parlent ainsi n'ont pas connu le soldat français sur les champs de bataille de 1914, ils ne l'ont pas vu, dédaignant la mort, se jeter tête baissée sur cet ennemi qu'il haïssait et qu'il méprisait, sans calculer la distance à parcourir, sans s'inquiéter des pertes causées par le feu adverse. Ces soldats ne furent que trop téméraires, leurs cadres que trop persuadés de la vertu souveraine de l'offensive. Ne leur reprochons rien. S'ils n'ont pas pu triompher, c'est que l'outil dont ils disposaient était insuffisant. Aujourd'hui, l'infanterie ne peut plus attaquer seule un ennemi pourvu d'armes automatiques; elle doit être constamment soutenue par son artillerie. Les forces morales, certes, sont infiniment précieuses; il faut les cultiver, mais, seules, elles ne permettent pas de triompher d'un adversaire bien armé, et qui, lui aussi, a bon moral. Elles n'arrêtent pas la balle ou l'éclat d'obus. Elles n'empêchent pas que des sections entières ne soient fauchées par une seule mitrailleuse, que l'artillerie, d'un seul de ses obus, ne mette hors d'état de continuer la lutte une dizaine de combattants.

Le moral du soldat est fonction de la valeur de son armement, de l'importance du matériel dont il dispose. L'emploi par l'ennemi d'une arme nouvelle le déprime, même si l'efficacité de cet engin est douteuse. Qu'on se rappelle pendant la guerre, les récriminations de nos fantassins devant les nouveautés allemandes : grenades, minen, etc. Tous n'avaient qu'une même parole : « Pourquoi n'en avons-nous pas aussi? »

Les forces morales du combattant sont faites, pour une grande part, de la confiance qu'il a dans ses forces matérielles. Augmenter les unes, c'est accroître les autres. Ce n'étaient pas là, malheureusement, les idées admises en 1914. Nous ne pensions qu'aux premières, nous négligions par trop les moyens matériels.

CHAPITRE II

CONSÉQUENCES DES PREMIERS COMBATS
LEURS ENSEIGNEMENTS

Les premiers combats de 1914 amènent notre Haut Commandement à modifier sa conception de la guerre au point de vue technique. De suite, il admet la puissance de l'artillerie lourde; il cherche à s'en procurer. Par contre, ces combats n'ébranlent point sa foi dans les deux grands principes qui faisaient la base de sa doctrine et que nous avons déjà énumérés : la toute-puissance du mouvement, la courte durée de la lutte. Il y croira longtemps encore. Il faudra l'échec de l'offensive du 16 avril 1917 pour lui faire définitivement changer d'avis.

De ces deux premiers principes, on en avait tiré un troisième, conséquence des deux premiers, qui peut se traduire par cette formule simple : « Tout le monde aux armées ». Lors de la déclaration de guerre, tous les Français mobilisables avaient dû rejoindre leur lieu de mobilisation, quelles que fussent leurs fonctions. Les exceptions à cette règle étaient peu nombreuses ; elles ne concernaient que quelques catégories de fonctionnaires et d'employés de l'État. On voulait disposer du maximum de combattants. C'est de ce principe qu'on revint tout d'abord. En septembre 1914, il fallait créer un nouvel armement, recompléter nos approvisionnements en munitions. Les établissements de l'État ne pouvaient suffire à cette tâche. On dut recourir à l'industrie privée. Elle manquait de spécialistes, d'ouvriers qualifiés. Tous étaient au front. Il fallut se résoudre à lui en procurer pour réaliser nos programmes de fabrication. On les retira d'abord des dépôts ; plus tard, on les rappela du front.

La tâche à accomplir était immense. Dans la retraite qui nous mena de la Belgique et de notre frontière de l'Est jusqu'à la Marne et la Meuse, nous avions perdu une grande partie de notre matériel de guerre. Des batteries entières étaient restées entre les mains de l'ennemi. On ne peut le reprocher aux artilleurs qui subirent ce malheur. Tous firent largement leur devoir. Certains, surpris en formation de route, firent tête hardiment à l'ennemi et se mirent en batterie sur la route même. Après avoir vidé leurs coffres, ils défendirent leur matériel, mousqueton au poing. Avant de succomber sous le nombre, ils avaient fait payer largement à l'ennemi les canons qu'ils lui abandonnèrent. Ces pertes furent difficiles à combler. Nous avions pensé, avant la guerre, être parés contre tout événement en créant une réserve de matériel. Cette précaution avait fait crier à la prodigalité. L'expérience prouva que cette réserve était très inférieure aux nécessités d'une lutte, même de courte durée. Il suffit d'un mois de campagne pour la faire disparaître.

En ce qui concerne l'armement de l'infan'erie, la situation brusquement, au début de septembre 1914, apparut comme très grave. Nous n'avions rien prévu. Nous n'avions jamais pensé que nous pourrions subir de grosses pertes en mitrailleuses, en fusils, en carabines, en revolvers. Les stocks que nous possédions étaient insignifiants, certains même inexistants; c'était le cas pour les carabines. Dans les combats d'août et de septembre, notre infanterie avait perdu une partie de son armement; il avait été détruit par le feu de l'ennemi; il était resté sur les champs de bataille ou sur les routes de la retraite. Pour armer les renforts, il fallut vider les dépôts de tous leurs fusils, de toutes leurs mitrailleuses. Pour doter de carabines et de mousquetons les artilleurs et les spécialités qui ne pouvaient s'en passer, on les retira sur le front à ceux qui en étaient pourvus et qui pouvaient, à la rigueur, renoncer à cette arme légère. On leur donna, en remplacement, un revolver ou un pistolet automatique — s'ils pouvaient se contenter d'une arme de défense rapprochée —, un fusil ordinaire — s'ils pouvaient être appelés à participer à une action d'ensemble —, un fusil

Gras — s'ils appartenaient à des unités de ravitaillement ou à l'arrière.

Au point de vue munitions d'artillerie, notre situation, en septembre 1914, était tragique. Nous avons déjà, dans le chapitre précédent, indiqué comme conséquence de nos erreurs de doctrine, l'impasse à laquelle nous étions arrivés, dans un cas particulier. Dès les premiers combats d'août 1914, les consommations en munitions dépassèrent toutes les prévisions. Certaines batteries, plus particulièrement engagées, tirèrent plus de 1.000 coups par pièce dans une seule journée de combat, alors que leur approvisionnement total était inférieur à 1.700 coups par pièce. La production de nos usines de guerre, fixée à 14.000 cartouches de 75 par jour, ne pouvait suffire à ces consommations. Sur la Marne, pour arrêter l'ennemi dans son offensive, nous dépensâmes, sans compter, nos dernières munitions. Quand nous reprîmes la marche en avant, les coffres de nos batteries et de nos organes de ravitaillement à la suite des troupes, étaient pleins, mais, à l'arrière, nos stocks étaient presque complètement épuisés. Les ravitaillements s'interrompirent. Nous nous souviendrons toujours de notre angoisse quand, le 12 septembre, on nous ordonna de ménager nos munitions et quand, le lendemain 13, nos sections d'artillerie, envoyées à une gare de ravitaillement pour faire leur plein, revinrent vides. Faute de munitions, nous ne pouvions plus poursuivre notre avance; nous étions à la merci d'un retour offensif de l'ennemi. Heureusement pour nous, l'Allemand, lui aussi, était à court de munitions. Il s'enfonce en terre; nous ne pouvons rien contre lui. Il faut attendre pour le déloger que nos stocks soient recomplétés. Jusque-là, il importe de ménager nos munitions à l'extrême. Tous ceux qui ont été au front à cette époque se rappellent, non sans émotion, ces lugubres journées d'automne et d'hiver 1914 où un corps d'armée dépensait 4 coups de 75 par jour! Pourr épondre par quelques salves aux rafales ennemies, nous devons faire appel à notre vieux matériel de Bange et même au canon de 95, modèle de Lahitolle, qui date de 1873, et tire sur son affût de campagne de l'époque!

Pour remonter le moral de l'armée, pour la remettre dans le mouvement en avant, pour lui rendre son esprit offensif, on veut cependant, malgré cette disette de munitions, exécuter de temps en temps une attaque heureuse. On arrive à des résultats lamentables. Ainsi, on alloue à la division qui se lance à l'assaut des contreforts de la Main de Massiges, 6.000 coups de 75 ! C'est plus qu'insuffisant. Par manque de préparation d'artillerie, combien de milliers des nôtres sont tombés dans les plaines de Champagne et de l'Artois!

*
* *

Au début de septembre 1914, le Gouvernement est mis au courant de cette situation dans son ensemble. Les rapports qui lui parviennent dans les premiers jours du mois sont encore vagues; ils émeuvent; ils n'inquiètent pas encore. Les premiers états de munitions complets n'arrivent au ministère de la Guerre que le 14 septembre. Leur lecture est terrifiante. Il n'y a plus de doute à avoir. Nous n'avons plus de munitions de 75; nous sommes désarmés. Si l'ennemi attaque en force, c'est, pour nous, le désastre irréparable. Il faut remédier immédiatement à ce manque de munitions.

Le 17 septembre, le G. Q. G., renseigné à peu près exactement sur les besoins des armées, demande que la production journalière de nos usines de guerre soit portée, dans le plus bref délai, à 40.000 cartouches de 75, c'est-à-dire qu'elle soit triplée; quelques jours plus tard, il demandera qu'elle soit poussée à 80.000, puis à 100.000.

Nos établissements de l'État ne peuvent suffire à cette production. Il faut faire appel à l'industrie privée. Le 20 septembre 1914, M. Millerand, alors ministre de la Guerre, convoque à Bordeaux, où s'est transporté le Gouvernement, les principaux chefs de l'industrie métallurgique. Il leur expose la situation; il leur demande d'entreprendre immédiatement la fabrication d'obus de 75.

C'est le début de la mobilisation industrielle du pays.

Nous examinerons successivement comment nous avons été amenés à organiser la fabrication d'abord du matériel d'artillerie, puis du matériel d'infanterie, du matériel d'aviation, des poudres et des explosifs, du matériel de guerre chimique. Nous verrons enfin à quelle extension de nos établissements de construction nous avons été conduits et à quelle augmentation de personnel nous avons été amenés Nous mettrons en valeur, pour chacune de ces productions, les délais de démarrage de notre industrie, ces délais étant comptés du moment où elle a reçu l'ordre d'exécution à celui où ses commandes ont commencé à sortir en quantités importantes. Nous pourrons ainsi juger de ce que fut notre mobilisation industrielle, du laps de temps qu'il nous a fallu pour porter nos fabrications à leur plein et de ce qu'il serait possible de faire dans une prochaine guerre, pour atteindre, dans un délai aussi court que possible, au moins le même niveau de production, en enlevant le minimum d'hommes au front.

Nous comparerons ce qui s'est fait en France avec ce qui s'est fait dans d'autres pays belligérants, afin de pouvoir déterminer les erreurs commises par nous et de pouvoir les éliminer le jour où nous serions obligés à nouveau de déclencher notre mobilisation industrielle.

CHAPITRE III

LE MATÉRIEL D'ARTILLERIE

—

A. — FABRICATION DES OBUS DE 75.

D'après les chiffres admis en 1914, l'approvisionnement de notre 75 devait être de 1.700 coups par pièce, dont 1.300 entièrement fabriqués. Le reste, soit 400 coups, était réuni par éléments dans les arsenaux de l'État, prêt à être monté à la mobilisation. Lorsque la guerre éclata, nos stocks n'étaient pas complets, tant s'en faut; ils n'atteignaient pas 1.400 coups par pièce, dont 200 en éléments dans nos arsenaux.

Tous les obus fabriqués avant la guerre étaient forgés à la presse. La suite des opérations par lesquelles on les obtenait est relativement simple; elle exige toutefois un outillage spécial. On opère comme suit : on introduit un cylindre plein, en acier, de diamètre et de hauteur convenables, (appelé le lopin), dans une matrice. Le fond de cette matrice est formé par le piston d'une presse hydraulique qu'on immobilise au début de l'opération. A l'autre entrée de la matrice, une deuxième

presse hydraulique enfonce un poinçon qui, peu
à peu, repousse le métal et donne à l'intérieur de
l'obus sa forme définitive, tandis que la matrice
lui donne sa forme extérieure. En fin d'opération,
la première presse hydraulique se soulève pour
décoller le projectile de la matrice. On sertit
ensuite à chaud la partie supérieure du corps
d'obus pour former l'ogive.

Ces opérations ne sont pas du domaine courant
dans l'industrie. Peu d'usines en France, sauf Le
Creusot et Saint-Chamond, qui avaient déjà
fabriqué des obus pour l'étranger, disposaient de
presses hydrauliques utilisables. Celles qui étaient
en service dans les ateliers de construction mécanique ne convenaient point au rôle qu'on voulait leur faire jouer. Il n'était pas possible, d'autre
part, en septembre 1914, de construire rapidement cet outillage. L'étranger lui-même ne pouvait pas le fournir.

Pour utiliser les usines privées, il faut renoncer à ce mode de fabrication. On décide :
1º de ne plus fabriquer que des obus de 75 explosifs, dont la construction est plus simple que celle
des obus à balles; 2º de forer l'obus dans une barre
d'acier, au lieu de le forger. Pour cela, il suffit de
posséder un tour. Tous nos ateliers, petits ou
grands, principalement ceux spécialisés dans la
construction automobile, en sont largement pourvus. La fabrication pourra donc commencer rapidement un peu de partout. Les barres d'acier,

tronçonnées en cylindres de hauteur et de diamètre correspondant aux dimensions du corps de l'obus, seront placées sur un premier tour qui y creusera le logement destiné à contenir la charge de l'explosif. Un deuxième tour donnera au corps de l'obus sa forme extérieure; pour terminer, on vissera sur le projectile une ogive.

Avant de se lancer dans cette fabrication, il faut toutefois résoudre une première difficulté : celle du tracé intérieur du corps du projectile. Le métal non forgé est moins résistant que le métal forgé; il faut donc le faire travailler à une pression moindre. La première solution qui vient à l'esprit est de renforcer les parties délicates de l'obus, c'est-à-dire les parois et leur raccord au culot, mais il ne faut changer ni le poids du projectile, ni le volume de la chambre d'explosif afin de conserver la même portée et la même efficacité. Un nouveau tracé du projectile donne la solution du problème; mais rien de cela n'a été préparé, tout est improvisé. Cette mise au point demande plusieurs journées au moment où les heures sont précieuses. Par bonheur, nous avons pu très rapidement régler ces diverses questions; mais à la guerre, il ne faut pas compter sur la chance.

*
* *

Il ne suffisait pas de fabriquer le corps du projectile; il fallait produire, en même temps, les organes accessoires : la douille en cuivre qui contient la charge de poudre, la fusée qui le fait éclater sur sa trajectoire à volonté, la gaine-relai qui transmet l'explosion de la fusée à la charge intérieure du projectile.

La fabrication de la douille en laiton est relativement facile; elle relève de la chaudronnerie; celle des fusées et·des gaines-relais, par contre, donne lieu à de nombreux mécomptes. Elle exige une précision à laquelle ne sont pas habitués la plupart des industriels qui l'entreprennent. Les fabricants d'horlogerie du Jura eux-mêmes, malgré leur habitude des travaux de mécanique de précision, éprouvent de sérieuses difficultés pour mettre au point cette fabrication en série. Plusieurs mois durant, il faudra se contenter des fusées que nous fournissent nos pyrotechnies militaires et les ateliers de nos deux grandes usines du Creusot et de Saint-Chamond.

*
* *

Dès la fin d'octobre cependant, le mouvement est donné, la fabrication lancée. En décembre, nous produisons déjà, par mois, plus de 500 obus par canon en ligne. La situation s'améliore au début de 1915; il vaut mieux dire semble s'améliorer, car si, à ce moment, nous commençons à avoir

des munitions, nous risquons de ne plus avoir de
canons pour les tirer. En janvier 1915, les artilleurs au front signalent un nombre inquiétant
d'accidents survenus à leurs pièces. Des obus
éclatent prématurément, mettant hors d'usage
des canons entiers, ou, tout au moins, leurs tubes ;
dans une seule journée, 30 sont mis hors de
service. Ces éclatements prématurés causent des
pertes élevées au personnel servant. En vue de
les diminuer, on ordonne, pour tirer le 75, de
prendre des précautions multiples : les servants
doivent s'abriter ; ils mettent le feu à leurs pièces
à distance. Grâce à ces mesures de prudence, les
pertes parmi le personnel sont réduites, mais non
le nombre des pièces mises hors d'usage. Par la
mise de feu à distance, une des qualités les plus
précieuses de notre canon de campagne, sa rapi-
dité de tir, disparaît. De plus, nos canons de re-
change étant en quantité très limitée, nous ne
pouvons pas effectuer tous les remplacements que
l'avant réclame ; il faut diminuer le nombre des
pièces dans la batterie, c'est-à-dire restreindre sa
capacité de feu. D'autre part, le personnel risque,
si les accidents se multiplient, de perdre toute
confiance dans le matériel.

Ces éclatements prématurés sont dus à une
fabrication hâtive. La plupart des accidents peuvent être ramenés à une des trois causes suivantes :
fissures dans le métal qui amènent des brisures
ou des gonflements du projectile dans l'âme du

canon; ogives insuffisamment vissées sur le corps de projectile qui, au départ du coup, tournent par inertie, ce qui amène l'inflammation de parcelles d'explosif qui se trouvent sur les vis de l'ogive; fusées ou gaines-relais de mauvaise fabrication.

La première cause d'accidents, les fissures dans le métal, ne peut pas être découverte lors de la réception des obus. On a, en effet, modifié en 1914 les clauses de réception; on les a rendues moins sévères. Avant août 1914, les parois de l'obus devaient supporter une pression de 1.400 kilos par centimètre carré; depuis le début de la fabrication intensive, on l'a réduite à 400 kilos. A la vérité, on y a ajouté une épreuve supplémentaire, mais fournissant un contrôle illusoire : les parois doivent résister à la pénétration d'une bille d'acier extra-dure. Ces deux garanties sont insuffisantes. Tant qu'on conservera les obus forés, on ne pourra pas supprimer les accidents dus aux fissures du métal. L'adjonction au culot de chaque projectile d'une pastille de tôle étamée ne peut en obturer complètement les porosités. Il n'y a qu'une solution possible : revenir à l'ancien procédé par emboutissage. C'est ce qu'on fera dès que nos usines de guerre pourront être dotées de presses. La non-organisation de notre mobilisation industrielle nous a coûté, de ce chef, la vie de nombreux canonniers et nous a valu la mise hors service de plus de 600 pièces de 75.

Il est plus facile d'éviter la deuxième cause

d'accidents, produite par la non-rigidité de l'ensemble : corps de l'obus et ogive. En attendant le retour à l'ancienne fabrication, on y obvie provisoirement en fixant invariablement l'ogive au corps du projectile par des tenons.

Quant à la troisième cause : mauvaise fabrication des fusées ou des gaines-relais, il est très difficile d'y remédier; on y pourvoit, peu à peu, en se montrant de plus en plus sévère sur les conditions de réception.

En fin mars 1915, les plus grosses difficultés pour la production des obus explosifs de 75 sont surmontées. A ce moment, se prépare une nouvelle crise, celle des obus à balles de 75.

Avant la guerre, nos approvisionnements en munitions comportaient beaucoup plus d'obus à balles que d'obus explosifs (15/26 pour les uns, 11/26 pour les autres). Cette proportion était la conséquence de la conception que nous nous faisions de la guerre, où nous pensions n'avoir à lutter que contre l'homme en pleins champs ou s'abritant derrière des murs, à la lisière de bois. L'obus à balles, avec sa gerbe profonde et meurtrière, semblait devoir convenir parfaitement à ce genre de lutte. Nous comptions réserver l'obus explosif pour agir contre le matériel (tir à démolir), ou contre les obstacles possibles : maisons, lisières de bois, etc... La guerre se déroule contrairement à nos prévisions : dès les premiers jours, l'Allemand a recours à la fortification passagère. Contre un ennemi enterré, l'obus à balles est inefficace. Son éclatement est moins impressionnant que celui de l'obus explosif. Pour ces raisons, les armées, dès septembre 1914, réclament presque uniquement des obus explosifs. Leurs desiderata cadrent avec les possibilités de l'arrière, la fabrication de l'obus explosif étant plus facile que celle de l'obus à balles, qui exige un personnel exercé. Nous nous y lançons à plein. En décembre 1914, la production des obus à balles n'est plus que le septième de celle des obus explosifs; elle tend à diminuer tous les jours. Brusquement, les armées reviennent de leurs préventions contre l'obus à balles. Elles s'aperçoivent qu'il peut être efficace contre le personnel dans les tirs de harcèlement, d'interdiction. Elles en réclament une forte proportion. Les ateliers de l'État ne peuvent suffire à cette fabrication. Il faut en confier une partie à l'industrie privée qui n'est pas outillée pour les produire, et qui ne peut y parvenir qu'en créant des ateliers spéciaux. Ce ne sera qu'en octobre 1915 que nous pourrons satisfaire aux demandes de nos armées en obus à balles.

Quelques mois plus tard, en mars 1916, nous

devions nous lancer dans une nouvelle fabrication, celle des obus toxiques. Le problème était relativement facile. Il suffisait de trouver le produit toxique, dont nous parlerons plus loin, et de rendre étanches les parois du projectile. Le nombre d'obus toxiques de 75 augmenta rapidement; en juillet 1917, il dépassa même celui des obus à balles, mais sans jamais atteindre, même de loin celui des obus explosifs.

Dans le tableau ci-après nous avons résumé notre production mensuelle en obus de 75 de diverses catégories, à divers moments caractéristiques.

MOIS	OBUS explosifs	OBUS à balles	OBUS toxiques	OBUS ordinaires	TOTAUX
1914 Août	300.000	490.000	»	»	790.000
Septembre. .	190.000	280.000	»	5.000	475.000
Octobre. . .	250.000	140.000	»	»	390.000
Novembre. .	280.000	100.000	»	»	380.000
Décembre. .	490.000	70.000	»	40.000	600.000
1915 Janvier. . .	900.000	110.000	»	100.000	1.110.000
Août	1.910.000	300.000	»	»	2.210.000
1916 Janvier. . .	2.540.000	480.000	»	»	3.020.000
Août	4.225.000	685.000	295.000	»	5.205.000
1917 Janvier. . .	4.920.000	805.000	325.000	»	6.050.000
Mai.	5.800.000	810.000	400.000	»	7.010.000
Août	4.925.000	840.000	165.000	»	5.930.000
1918 Janvier. . .	4.375.000	645.000	415.000	»	5.435.000
Août	4.425.000	470-000	740.000	»	5.635.000
Septembre ..	3.900.000	590.000	1.145.000	»	5.635.000
Octobre. . .	3.145.000	555.000	870.000	»	4.570.000
Production totale jusqu'en octobre 1918.	167.870.000	27.790.000	12.245.000	360.000	208.265.000

Les maxima mensuels de notre production ont
été réalisés :

Pour les obus explosifs, en mai 1917 . .   5.800.000 coups.
     —   à balles, en mars 1917 . .   900.000   —
     —   toxiques, en septembre
              1918. . . . .   1.145.000   —
La production totale est passée par
  un maximum en mai 1917 : elle a at-
  teint le chiffre de. . . . .   7.000.000   —

Pour se rendre compte de l'insuffisance de
notre préparation à la guerre, il suffit de comparer
ce chiffre de 7 millions de coups avec celui qui
avait été prévu avant la guerre comme production mensuelle, et qui était de 400.000 coups
(30 × 13.600).

Si nous prenons comme terme de comparaison
notre production de 1914 et que nous lui attri-
buions une valeur arbitraire de 100, celle de 1917,
trois ans plus tard, sera représentée par le nombre
1.750. Ces deux chiffres permettent de juger de
la grandeur de l'effort que nous avons fourni,
effort qui, malheureusement, n'a commencé à faire
sentir ses effets qu'à partir de l'été de 1916. C'est
cet effort, cependant, qu'il nous faudra, au moins,
réaliser dans une prochaine guerre, dans le minimum de temps, car les dépenses en munitions
n'iront pas en diminuant, au contraire.

L'esprit reste confondu devant la consommation de projectiles de 75 sur les champs de bataille.

Dans les attaques de Champagne, en septembre

1915, nous avons tiré en cinq jours 1.390.000 coups de 75 sur un front de 35 kilomètres, soit 320 tonnes d'obus de 75 par kilomètre.

Sur la Somme, pendant la période du 24 juin au 10 juillet 1916, c'est-à-dire pendant la préparation de l'attaque, pendant l'attaque et dans les combats qui ont suivi, nous avons tiré 2.015.000 projectiles de 75 sur un front de 15 kilomètres, soit 1.075 tonnes par kilomètre. Le seul jour de l'attaque, nos batteries de 75 ont envoyé 150 tonnes de projectiles par kilomètre de front.

A La Malmaison (octobre 1917), ces densités ont été dépassées. Pendant les six jours qui ont précédé l'attaque, notre seule artillerie de 75 a déversé 1.750 tonnes de projectiles par kilomètre de front. Le jour de l'attaque, elle en a envoyé 520 tonnes par kilomètre.

Cette densité de feux n'a plus été atteinte dans les batailles de la fin de la guerre ; elle resta quand même très élevée. Dans l'attaque du 26 septembre 1918, en Champagne, où nous eûmes en ligne une grande masse d'artillerie, nous dépensâmes, dans la journée, 420 tonnes d'obus de 75 par kilomètre de front.

Ce sont des consommations de cet ordre qu'il faut envisager pour l'avenir.

B. — FABRICATION DES CANONS DE CAMPAGNE

En 1914, notre artillerie de campagne comprend les matériels ci-après :

Le 75, dit matériel modèle de 1897 (ainsi appelé de son année de fabrication). Il arme la plupart de nos batteries;

Le 75 du Creusot, adopté en 1912. Il avait été destiné primitivement aux batteries des divisions de cavalerie parce que plus léger que le 75 ordinaire. Ce canon ne nous ayant pas donné entière satisfaction, nous renonçons en 1913 à nous en servir dans ce but. On l'envoie au Maroc, où il a rendu de bons services. Il devait être remplacé, dans les divisions de cavalerie, par un modèle dit de 1913, dont la fabrication n'était pas encore au point en juillet 1914;

Le 65 de montagne;

Le 105, qui fait réellement partie de l'artillerie de campagne. En 1914, il était en cours de construction;

Quant au 155 court à tir rapide, de Rimailho, qu'on peut rattacher à l'artillerie de campagne, nous l'étudierons ultérieurement, avec l'artillerie lourde; il possède les qualités de celle-ci, tout en jouissant d'une mobilité comparable à celle du 75.

*
* *

Nos approvisionnements en munitions avaient été constitués pour 1.000 batteries de 75 à 4 pièces (exactement 1.011 batteries); nous possédions, à la vérité, un nombre de canons légèrement supérieur, tant dans les parcs d'armée que dans les stations-magasins, les colonies et les places fortes. En août 1914, nous disposions exactement de 4.800 canons, soit 700 de plus que ceux nécessités par les besoins immédiats des armées.

Cet excédent paraissait exagéré. C'est pour cette raison que nous n'avions prévu, à la mobilisation, aucune fabrication de 75. Celle-ci étant arrêtée depuis plusieurs années, on ne pensait pas devoir la reprendre. Le commandement avait pris d'autant plus facilement cette décision, qu'il comptait que la guerre serait terminée avant qu'un seul canon pût sortir d'usine. Pour se garantir contre toute éventualité, on s'était borné à constituer des approvisionnements de pièces détachées : tubes, affûts, freins, afin de pouvoir réparer les pièces endommagées.

Nos pertes en matériel de 75 furent très lourdes en août et en septembre 1914. Beaucoup de canons furent mis hors de service par le feu de l'ennemi; d'autres furent perdus pendant notre retraite. Nos pièces en réserve furent vite dépensées. Lorsque commença la série des accidents dus aux mauvaises munitions (janvier 1915), nous n'avions plus aucune disponibilité. Au début de l'été 1915, nous ne comptions plus, sur le front, que la moitié du nombre de canons de 75 dont nous disposions en août 1914; devant cette situation, il fallut bien se décider à reprendre leur fabrication de toute urgence. Nos établissements de l'État ne pouvant suffire à cette tâche, il fallut recourir à l'industrie privée. Jusque-là, nous n'avions fait appel à elle que timidement. Saint-Chamond avait construit un canon de 75 tirant, à une vitesse inférieure à celle de notre canon réglementaire, un projectile moins lourd. On devait s'apercevoir ultérieurement que ce canon était susceptible de tirer l'obus ordinaire à la même vitesse. Le Creusot, de son côté, avait mis sur pied un autre type de 75, de portée plus faible que notre canon type 1897 et inférieur au point de vue frein et organes de visée.

Après la Marne, il ne s'agissait pas de comparer les matériels entre eux, de discerner leurs qualités ou leurs défauts. Il fallait produire. On prit ce qui existait.

On commandait, à la fin septembre, à chacune de ces grandes usines, 20 batteries de leurs types à elles. Le ministère de la Guerre leur demandait, en même temps, de contribuer à la fourniture d'un stock important de rechanges. Il s'adressait également à l'étranger. Toutes ces mesures, au fond, n'étaient que des palliatifs. Elles ne pouvaient nous procurer qu'un nombre insuffisant de canons et encore à longue échéance. Nos besoins cependant devenaient chaque jour plus pressants. Notre commandement réclamait des 75 pour créer de nouvelles formations. Il en fallait pour organiser l'artillerie antiaérienne, tant sur le front qu'à l'arrière, pour défendre nos grands centres, nos nœuds de voies ferrées, nos usines importantes. Partout, on en demandait. Malgré les difficultés inhérentes à la remise en marche d'une fabrication compliquée, il fallut s'y résoudre ; on la remonta entièrement, telle qu'elle existait lors de la création de notre matériel ; on dut même l'intensifier.

Au début de février 1915, une première commande de canons est passée à l'atelier de Bourges. Tout en continuant à effectuer les réparations courantes, cet arsenal reçoit l'ordre de commencer immédiatement la fabrication de 100 canons neufs. En fin février, le Gouvernement s'adresse à l'industrie privée. Malgré son manque d'outillage et d'ouvriers spécialistes, il lui commande 500 canons à livrer dans le courant de l'année. Elle y parvient, grâce à la division du travail adoptée par nos industriels, chaque usine se spécialisant dans la fabrication d'un certain nombre de pièces. Il faudra cependant attendre le quatrième trimestre 1915 pour que la production atteigne le niveau des fabrications d'avant-guerre (500 canons par trimestre). De ce fait, nous nous sommes trouvés pendant toute l'année 1915 dans une situation critique. Nous n'aurions pas connu toutes ces inquiétudes, nous n'aurions pas couru tous ces dangers si, dans notre plan de mobilisation, nous avions prévu la reprise de la fabrication de notre matériel de guerre. Admettons que les délais pour la mise en route des fabrications aient été les mêmes que ceux énumérés plus haut, admettons que l'ordre de commencer ait été donné en août 1914; nos premiers canons seraient sortis de nos arsenaux dès le premier trimestre de 1915, au moment où les accidents de tir étaient si nombreux. Dans ces conditions, nous n'aurions jamais eu à redouter de nous trouver désarmés. Notre erreur provient de ce que, jusqu'en 1914, nous n'avions pas considéré les canons comme du matériel consommable. Ils le sont cependant au même titre que les munitions. Ils peuvent disparaître par usure, par éclatement; ils peuvent être détruits par l'ennemi, capturés par lui. En 1916, par 12.000 coups de 75 tirés — c'est-à-dire par 4 coups tirés par chacun de nos canons de 75 — nous avions un canon à remplacer. Pour maintenir nos batteries au complet, il aurait fallu à ce moment pouvoir sortir d'usine 1 canon chaque fois que l'arrière fournissait 12.000 cartouches de 75. Or, nous étions partis en guerre en 1914 en admettant qu'un tube pourrait tirer 3.000 à 4.000 coups avant d'être rebuté, c'est-à-dire que, pratiquement, nous n'avions prévu aucun remplacement du fait accidents de tir et que nous avions sous-estimé les pertes par le feu de l'ennemi, d'où notre déficit en matériels de 75.

Pour parer à notre manque de canons et de munitions d'artillerie de campagne, nous avons recours, pendant l'hiver 1914-1915 et pendant toute l'année 1915, à des moyens de fortune.

Les armées se débrouillent les premières. Celles qui ont dans leur secteur des places fortes utilisent leur armement de sortie pour constituer de véritables batteries de position, qui viennent renforcer l'ossature de notre ligne. Dès le 20 octobre 1914, les premières batteries de 90 et de 95 font leur apparition sur le champ de bataille.

Le commandement, d'accord avec le Gouvernement, généralise, peu après, cette mesure. Tous les canons de 90^{mm} qu'on peut trouver à l'intérieur prennent le chemin du front (1); on y joint même ceux de 80^{mm}, malgré l'infériorité de leur portée et le mauvais rendement de leur projectile. On emprunte à la marine des canons de 37^{mm} et de 47^{mm}. On amène en ligne toute l'artillerie lourde qu'on peut récupérer, quels qu'en soient les modèles; on obtient ainsi un mélange extraordinaire de tous les types, de tous les calibres, de tous les âges. Si le front n'était pas resté immuablement stable, le ravitaillement de cette artillerie bigarrée eût été impossible, tant il était complexe.

Jusqu'au milieu de l'année 1916, la situation de notre artillerie de campagne reste inquiétante. Le 15 mai 1915, nous avions perdu 1.700 pièces de 75; le 1er janvier 1916, ce nombre a presque doublé. Nous avions :

---

(1) On en eut, à un moment donné, plus de 1.000.

1.000 canons éclatés.
  600   —   gonflés.
  750   —   mis hors de service par usure totale.
  400   —   pris par l'ennemi ou détruits par son tir.

Le nombre des canons mis hors d'usage triple en 1916; le 1ᵉʳ janvier 1917, nos états de pertes accusent :

2.100 canons éclatés.
2.300   —   gonflés.
3.000   —   mis hors d'usage par usure totale.
1.600   —   pris par l'ennemi ou détruits par son tir.

Malgré cette consommation élevée, la situation se modifie en notre faveur en 1916. A la fin de cette année, le commandement et les artilleurs éprouvent une véritable joie quand ils peuvent mettre au rancart tout le matériel démodé qui leur a été donné en remplacement et réarmer leurs batteries avec des canons neufs de 75. Toutes ces transformations· sont terminées en 1917. Le 1ᵉʳ janvier 1917, nous avons 4.418 pièces de 75 en service sur le front, plus 80 autocanons. Nous n'en maintenons pas moins notre production sur le même pied. En 1918, elle est si poussée que nous pouvons fournir des canons de 75 à tous nos Alliés. Les prévisions pour le quatrième trimestre de 1918 étaient telles que, si elles avaient été réalisées, nous aurions en trois mois livré, tant comme canons neufs que comme canons réparés, un nombre de pièces équivalent à celui que nous possédions lors de notre entrée en campagne en août 1914. Le 1er avril 1918, nous comptions sur le front 5.152 pièces de 75 au lieu de 4.000 en août 1914.

Cette forte production nous permit d'augmenter la proportion d'artillerie dans nos armées, de prendre la supériorité de feu sur l'ennemi dans la lutte d'artillerie et, par suite, de diminuer les pertes de notre infanterie. Dans la défensive, nous pouvons la protéger par des tirs de barrage efficaces, parce que denses; dans les secteurs dangereux, on donne couramment un front de 100 mètres à une batterie pour ses tirs de barrage alors que, avant guerre, on la considérait comme pouvant agir sur 800 mètres et même sur 1.200 mètres. Lors des attaques, les barrages roulants de nos 75 obligent l'ennemi à se terrer et permettent à nos vagues d'assaut de progresser avec des pertes minimes. Dans les grandes batailles, la proportion de 75 augmente sans cesse; elle est de :

1 canon de 75 par 32 mètres de front, en				Champagne, en septembre 1915.
1	—	30	—	— en Artois, en septembre 1915.
1	—	34	—	— sur la Somme, en juillet 1916.
1	—	20	—	— aux attaques d'avril 1917.
1	—	15	—	— à La Malmaison, en octobre 1917.

En 1914, on n'avait jamais envisagé de telles densités. Pour les réaliser, nous avons dû demander à nos usines de guerre le maximum de rendement. Les chiffres ci-dessous, résumant notre production trimestrielle en matériel de 75 le prouvent :

	Canons neufs	Total
1914. — 3e trimestre.	»	20
4e —	»	75
1915. — 1er trimestre. . . .	5	175
2e —	55	450
3e —	250	850
4e —	700	1.200
1916. — 1er trimestre. . . .	1.000	1.500
2e —	1.150	1.700
3e —	1.100	1.900
4e —	1.100	2.400
1917. — 1er trimestre. . . .	950	2.600
2e —	1.350	2.700
3e —	1.400	2.700
4e —	1.700	2.800
1918. — 1er trimestre. . . .	1.800	2.900
2e —	2.000	3.000
3e —	2.000	3.200
4e —	550	1.200
	17.110	31.370

***

Nos efforts en tant qu'artillerie de campagne ne se limitent pas au 75. Nous augmentons également le nombre de nos canons de montagne, de nos 65 mm. Nous en envoyons des batteries entières aux colonies ; elles y remplacent, nombre pour nombre, des canons de 75 qui reviennent en France. Nous employons le 65 dans les Vosges, et dans toutes les régions accidentées du front où il rend des services comme pièce de flanquement.

En août 1914, nous ne possédions que 168 canons de 65^{mm}; nous en avons fabriqué plus de 800 pendant la guerre. Cela représente un gros effort industriel, l'usinage d'un 65 étant sensiblement du même ordre de grandeur que celui d'un 75.

Pendant toute la guerre, nous n'avons fait subir aucune modification technique à notre matériel d'artillerie de campagne. Seul, un changement heureux dans la forme de son projectile a permis d'augmenter sa portée. Des modifications d'affût étaient en cours d'exécution lors de l'armistice pour permettre le tir aux grandes distances.

C. — FABRICATION DU MATÉRIEL D'ARTILLERIE LOURDE

Au début de la guerre, nos armées ne disposent que de quelques batteries d'artillerie lourde, toutes de fabrication ancienne et, par suite, de portée réduite. Nous nous étions refusés, pendant très longtemps, à construire un matériel moderne d'artillerie lourde. L'armée en réclamait, mais avec peu d'insistance. Quelques esprits avertis, seuls, avaient deviné quel serait son rôle dans un conflit futur; ils n'avaient pas pu convaincre les masses. De plus, ils s'étaient heurtés à la mauvaise volonté du Parlement. Ce n'est que trois ans avant la guerre que nous nous étions inquiétés sérieusement en voyant le formidable développement de l'artillerie lourde allemande. Nous ne nous étions décidés que trop tard, en 1913, à suivre l'exemple de nos adversaires. Cette année, nous avions commandé 110 canons de 105 au Creusot, le même nombre à Bourges, plus 120 affûts de 155 L., 18 mortiers de 280.

En août 1914, ce matériel n'est pas encore livré. Nous voulons, tout d'abord, réduire la commande des 105, bien que leur construction soit en cours, pour augmenter notre production en obus de 75. Finalement, après de longues discussions, on maintient cette commande dans son intégrité.

Quand nous entrons en campagne, nous ne disposons, comme pièces nouvelles, que des 155 C. T. R. construits sur les dessins du colonel Rimailho. Cette situation confère aux armées allemandes sur les nôtres, au début de la campagne, une supériorité tant effective que morale. En plus de son efficacité, on ne peut nier, en effet, l'impression produite par un bombardement, d'artillerie lourde sur de jeunes troupes, fatalement nerveuses : il leur enlève une partie de leurs moyens. Nos équipages de siège, destinés à l'attaque des grandes places allemandes, ne contiennent que des pièces démodées, que nous ne pouvons pas amener sur le champ de bataille.

Au point de vue artillerie lourde, nous sommes très en retard sur les Allemands.

L'artillerie lourde affectée aux armées au début de la campagne comprend environ 300 pièces à savoir :

120 pièces de 120 L. (long). Elles ont été adoptées en 1878. Ce sont des pièces type de Bange. Leur portée est de 8 kilomètres ; elles sont traînées par six chevaux. Une partie de ce matériel a été pourvue peu avant la guerre de ceintures de roues, les cingoli, qui augmentent sa facilité de déplacement à travers tous les terrains ;

80 pièces de 120 C. (court), type Baquet. Ces pièces ont été fabriquées en 1890. Leur portée est de 5^{km} 600 ;

100 pièces de 155 C. T. R. (court à tir rapide), dit Rimailho, du nom de son inventeur. Adoptées en 1904, leur portée est de 6 kilomètres. Elles peuvent se déplacer à travers tous les terrains.

Nos équipages de siège comprennent :

380 canons longs (parmi lesquels des 120 L., des 95 et des 155 L. type de Bange) ;

100 pièces de 155 court, modèle 1881. Leur portée est de 6 kilomètres. Leur mise en batterie demande plusieurs heures ; seules, celles pourvues d'une plate-forme Filloux peuvent être mises en batterie en une demi-heure.

100 mortiers de 220. Modèle 1891. Portée :
7 kilomètres. Leur mise en batterie exige plusieurs
heures et une plate-forme spéciale métallique;

32 mortiers de 270. Modèle 1885. Leur portée
est de 4^{km}300, avec les projectiles contenant
65 kilos d'explosif et de 7^{km}800 avec ceux qui
n'en contiennent que 35 kilos. Leur mise en batterie, sur plate-forme spéciale, exige, au minimum
une journée.

En fin août, nous avions, de plus, en cours de
commande :

220 pièces de 105 livrables de fin août 1914 à fin août 1915;
120 — 155 long à tir rapide, livrables en 1916 et 1917;
18 mortiers de 280, livrables en 1916.

En résumé, à cette date, nous disposons, comme
artillerie lourde, tant aux armées que dans nos
équipages de siège et nos forteresses, de : .

200 pièces	de	120 C.
2.400	—	120 L.
400	—	155 C.
1.400	—	155 L.
350	—	220

toutes de types anciens, à faible portée et à faible
vitesse de tir.

En ne tenant compte que du nombre, la dotation en artillerie lourde de nos armées est très
faible. Elle ne représente même pas le dixième de
notre artillerie aux armées. Chez les Allemands,
elle est supérieure au tiers, en comptant même

l'obusier de 105 comme pièce d'artillerie de campagne. De plus, toutes les pièces lourdes allemandes sont d'un modèle récent, à grande portée et à grande vitesse de tir.

Les commandes en cours le 1er août 1914 ne peuvent rien changer à cette situation; elles ne pourront nous donner que très tardivement des pièces modernes : 105 et 155 à tir rapide.

****

Dès les premiers combats, nous sentons la nécessité de disposer, dans les grandes unités, corps d'armée et armée, d'une masse d'artillerie lourde, composée de matériel récent. Cette artillerie lourde doit être mobile pour suivre les armées. Il lui faut tirer à grande distance des projectiles contenant une grande quantité d'explosif, ce qui n'est pas le cas de notre matériel d'artillerie. Le problème qui se pose à nous est donc complexe. On résoudra successivement chacune de ses parties.

Dans une première phase, qui dure tout l'hiver 1914-1915, on ne se préoccupe que d'une seule chose : faire affluer aux armées toutes les pièces d'artillerie lourde qu'on peut trouver à l'intérieur. On en emprunte à l'armement des places fortes, au front de mer, à la marine. En avril 1915, il a été fourni aux armées :

Par la Marine. . . . .   10 pièces de   10 $\frac{c}{m}$
—   20   —   14 $\frac{m}{m}$
—   10   —   16 —
Par l'armement des places fortes .   400   —   95 —
— — 250   —   120 L.
— — 175   —   155 L.
Par nos équipages de siège. . .   100   —   155 C.
— . . . .   50 mortiers de 220
— . . .   30   —   270

Ce matériel nous permet d'effectuer sur les organisations défensives de l'ennemi, sur ses cantonnements, sur ses batteries, des tirs efficaces ; malheureusement, toutes ces pièces sont à tir lent. Elles n'ont pas un gros débit ; leur rendement est faible. Avec ce matériel, il est difficile de préparer une offensive. Pour produire un effet réellement utile, il faut par trop multiplier le nombre des batteries et, ainsi, prolonger au delà des délais permettant la surprise, la période de préparation.

*
* *

Le véritable problème, la création d'une artillerie lourde moderne, n'est abordé en France que plus tard, à la fin du printemps de 1915. Jusque-là, notre industrie a presque uniquement été occupée à fabriquer des obus et du matériel de 75. En avril, ses moyens de production se sont développés. La fabrication en série du 75 est complètement lancée. On peut se risquer dans de nouvelles entreprises, et en particulier dans la construction d'une artillerie lourde moderne.

Le G. Q. G. décide, tout d'abord, de ne reproduire que les modèles récents que nous possédons en service. Les machines-outils pour leur fabrication existent déjà. On connaît leurs projectiles. Leurs tables de tir sont publiées. Il n'y a aucune étude nouvelle à faire; ce n'est qu'un effort industriel à réaliser. Pour cette raison, nous nous bornons à commander en février 1915 des 105, des 155 L. T. R., des mortiers de 280 T. R.

Satisfait des premiers résultats obtenus, le G. Q. G. décide, à la fin du printemps, d'intensifier cette production et de commander quelques unités plus puissantes, comme le 220 T. R.

Le 30 mai 1916, il arrête son programme de fabrication d'artillerie lourde moderne. Il demande à l'arrière :

960 pièces de 105.		
1.440	—	155 L. T. R.
2.160	—	155 C. T. R.
160	—	220 T. R.
80	—	280 T. R.

Ce n'est que plus tard qu'il aborde la construction de matériels non encore en usage dans nos armées. A ce moment-là encore, nous nous défendons de toute innovation. Nous prenons les matériels déjà construits par nos grosses sociétés privées, soit qu'elle les ait fabriqués pour le compte de Gouvernements étrangers, soit que, voulant les proposer à notre Gouvernement, ils fussent en cours d'expériences. Nous recevons ainsi, pendant l'année 1915 :

Des mortiers de 270 de côte, qui permettent de tirer à plus de 10 kilomètres (1).
Des mortiers de 293 de côte, qui permettent de tirer à plus de 12 kilomètres (2).
Des mortiers de 370 Filloux, qui permettent de tirer à plus de 8 kilomètres un obus contenant 150 kilos d'explosif, ou à 10^{km}5 un obus contenant 100 kilos d'explosif (3).

Ce matériel, dès sa livraison aux armées, rend d'énormes services. Le mortier de 370 prépare l'attaque du 1er corps d'armée colonial sur la Main-de-Massiges ; ses projectiles réduisent en miettes les défenses accumulées sur le sommet même de la Main. Le succès de ce matériel à peu près moderne est tel que, à la fin de 1915, le commandement en réclame une proportion plus forte ; le Gouvernement multiplie les commandes.

La densité d'artillerie lourde, dans les attaques, augmente sans cesse. En septembre 1915, nous avons 1 pièce lourde par 40 mètres de front en Champagne et par 36 mètres de front en Artois ; nous en aurons 1 par 25 mètres sur la Somme en juillet 1916 et 1 par 11 mètres devant La Malmaison, en octobre 1917.

---

(1) Ce type existait déjà avant guerre.
(2) Le 293 était destiné au Danemark.
(3) Le 370 Filloux est de la série des Filloux, qui comprenait des 270, 370, etc. On n'avait construit que le premier terme, mais les plans de tous les autres étaient prêts.

Pour renforcer notre artillerie d'action lointaine, nous utilisons des canons de la marine. Placés sur rails, ils harcèlent les arrières ennemis. Ce matériel existait déjà dans nos ports. On se borne à l'adapter à son nouveau rôle en modifiant légèrement son affût. Là encore, pas d'innovation. Tout ce matériel :

Canons de 199 mm de côte.,
— 240 T. R. de côte,
— 274 de marine,
— 305,
— 32 cm,
— 34 cm,

rend d'incontestables services, mais peut-être ces services ne sont-ils pas en proportion avec la masse de personnel qu'il mobilise, les embarras qu'il cause à l'arrière sur les voies ferrées. Les projectiles qu'il lance ne sont pas organisés pour le genre de tir auquel on les emploie. Une pièce du calibre de 17cm à 19cm, étudiée pour les tirs de harcèlement et d'interdiction, aurait certes rendu plus de services et aurait exigé moins de servants.

Le seul matériel moderne que nous ayons réalisé pendant la guerre est l'obusier de 400; nous l'avons tiré sur Douaumont et sur Vaux en 1916, sur Le Cornillet en 1917. L'obusier de 520, lui, n'a pas été prêt à temps.

A la fin de la guerre, notre production en artillerie lourde est réellement impressionnante. Il avait fallu attendre jusqu'au premier semestre de 1917, c'est-à-dire deux ans et demi, pour faire sortir les premiers types en série, et encore n'avions-nous construit que du matériel étudié au préalable ! La longueur de cette période de démarrage démontre d'une façon indiscutable la nécessité d'organiser jusque dans ses moindres détails notre mobilisation industrielle.

La période de démarrage franchie, notre production en artillerie lourde augmente rapidement.

En mars et en juin 1918, lors des offensives allemandes, nous avions réussi à doter nos armées d'une artillerie lourde nombreuse, qui nous a rendu les plus grands services. Bien que techniquement inférieure à l'artillerie lourde allemande, elle l'a presque constamment dominée grâce au nombre. En tous cas, elle l'a toujours empêchée de donner à son infanterie l'appui que celle-ci eût désiré recevoir.

Le 1er avril 1918, le nombre de nos pièces d'artillerie lourde sur le front français s'élève à :

> 600 pièces de 105.
> 1.600 — 155 C.
> 700 — 155 L.
> 170 — 220.

Dans le tableau ci-après, nous avons résumé la production semestrielle des types les plus courants d'artillerie lourde. En comparant la fabri-

cation des différents semestres avec le nombre de
canons d'artillerie lourde en service lors de notre
entrée en campagne, on peut juger du degré de
notre impréparation sur ce point :

MATÉRIEL D'ARTILLERIE LOURDE

Fabrications neuves semestrielles.

	1914	1915		1916		1917		1918		TOTAL
	II	I	II	I	II	I	II	I	II	
105 L. mod. 1913 Schneider	60	50	70	100	95	230	275	260	200	1.3..
155 C. Saint-Chamond . . .	—	—	40	40	50	220	40	—	—	39.
155 C. Schneider mod. 15 et 17	—	—	—	50	180	280	930	1.050	530	3.0..
145/155 mod. 1916.	—	—	—	—	—	50	135	30	—	2..
155 L. mod. 1917.	—	—	—	—	—	—	130	170	110	4..
155 L. mod. 1918.	—	—	—	—	—	—	—	—	5	..
155 G. P. F.	—	—	—	—	—	30	385	210	90	7..
220 C. mod. 1916.	—	—	—	—	10	30	75	160	110	38.
220 L. mod. 1917.	—	—	—	—	—	—	—	5	20	..
280	—	—	15	20	10	20	35	30	25	1..
Obusier 120 Schneider. . .	—	—	15	35	—	—	—	—	—	..
	60	50	140	245	345	860	2.005	1.915	1.090	6.7..

Sur ces quantités, nous avons fourni à la Russie :

100 pièces de 106,7 (classées par nous sous l'appellation
de 105),

160	—	120 L.
50	—	155 C.
16	—	220

et à nos autres alliés continentaux : Italiens, Belges,
Serbes, Roumains :

100 pièces de 105.
397   —   120 L.
 67   —   155 C.
 16   —   220.

D. — FABRICATION DES MUNITIONS D'ARTILLERIE LOURDE

Le problème des munitions d'artillerie lourde se pose peu après celui des munitions de 75. Cela se comprend. Pendant l'hiver 1914, quand nos approvisionnements de 75 sont réduits, sur le front, au contenu des coffres de batteries, nous ripostons à l'ennemi avec l'artillerie lourde tirée de nos places fortes. Nos artilleurs sont convaincus que l'approvisionnement de ces pièces en projectiles est extrêmement abondant. « N'a-t-on pas prévu l'attaque des places allemandes de Metz et de Strasbourg? Nos forteresses de l'Est n'ont-elles pas leurs stocks intacts? » Donc nulle crainte de voir s'épuiser ces munitions; on peut les dépenser sans compter. Là encore, notre espoir est déçu. Nos stocks en projectiles d'artillerie lourde sont moins abondants qu'on ne le croit. Le jour vient, dès le début de l'année 1915, où il faut restreindre jusqu'aux consommations en munitions d'artillerie lourde. Heureusement, celles-ci ne feront complètement défaut que lorsque la crise des munitions de 75 sera déjà conjurée.

Le problème des munitions d'artillerie lourde est vite résolu. Nous ne voulons pas, avec elles, recommencer nos erreurs d'août 1914 pour le 75. Dès que nous nous rendons compte que· ces projectiles vont manquer, nous prenons nos dispositions pour entreprendre leur fabrication en grand. Dans notre plan de mobilisation, nous n'avions prévu qu'une production insignifiante d'obus d'artillerie lourde, 465 par jour pour le 155, et encore à partir du cinquante et unième jour.

Pour la fabrication de ces munitions, on se heurte à une série de difficultés. Pour ne pas risquer d'éclatements prématurés, particulièrement dangereux avec les canons de gros calibre, on décrète que les munitions d'artillerie lourde ne seront fabriquées que d'après l'ancien procédé, c'est-à-dire à la presse. Cette décision limite le nombre des usines susceptibles de prêter leur concours à cette fabrication. Seule la grande industrie, puissamment outillée, est capable d'entreprendre ce nouveau travail. Ses ateliers ayant déjà leur outillage occupé, soit à la fabrication du 75, soit à celle de ses obus, il faut attendre qu'elle ait réalisé de nouvelles installations. Malgré ses efforts, elle ne pourra se mettre à la fabrication des obus d'artillerie lourde que lentement.

A partir de 1916, la consommation des munitions d'artillerie lourde augmente rapidement. En effet, seuls ces projectiles sont efficaces contre les nouvelles organisations défensives. Les armées en réclament des quantités toujours croissantes; ces demandes atteignent leur maximum en 1917.

A ce moment naît une nouvelle théorie aussi exagérée dans son intransigeance que celle qui niait l'importance du feu. D'après cette nouvelle doctrine, l'infanterie n'a plus à conquérir le terrain; il lui suffit de l'occuper lorsque l'artillerie en aura chassé l'ennemi par la violence de son feu. Ce sont les idées à la mode en 1917. A chacune des attaques à objectif limité que nous montons cette année, la violence des préparations d'artillerie augmente. « C'est le pilonnage. » Avec lui les dépenses en projectiles d'artillerie lourde croissent au delà de toute prévision; l'arrière désespère d'y satisfaire. Le 1er juillet 1915, sur la Somme, nous avions déversé 250 tonnes de projectiles d'artillerie lourde par kilomètre de front d'attaque; le 27 octobre 1917, à La Malmaison, nous irons jusqu'à 720 tonnes.

Notre production en munitions, bien que n'ayant cessé de se développer, ne peut satisfaire à ces consommations. Dès février 1915, nous avions passé d'importantes commandes à l'industrie privée. Étant donnés ses engagements antérieurs elle n'aurait pu y satisfaire si on eût exigé que tous les projectiles ainsi commandés fussent en acier. C'est pourquoi l'administration militaire admet, au début, la fourniture de projectiles en fonte, plus faciles à fabriquer. Les deux types ne sont pas comparables. La capacité meurtrière des projectiles en fonte est inférieure à celle des projectiles en acier; leurs parois plus épaisses ne leur permettent de contenir que des quantités plus faibles d'explosif, trois ou quatre fois moins. Lors de leur explosion, ils ne se fragmentent qu'en un petit nombre de gros éclats de forme très irrégulière, qui perdent très rapidement leur vitesse. Ce sont des projectiles inférieurs, dont nous devons nous contenter provisoirement, en attendant la construction de nouveaux ateliers métallurgiques.

A la fin du printemps 1915, nous mettons heureusement au point un procédé de fabrication en fonte aciérée. Les projectiles ainsi obtenus se rapprochent très sensiblement, au point de vue qualités militaires, de ceux en acier, tout en étant d'une fabrication plus facile; ils peuvent être confiés à un grand nombre d'usines en France. Ces fabrications n'en sont pas moins longues à organiser; elles ne commencent à livrer par grosses quantités qu'à partir du deuxième semestre de 1916.

Dans le tableau ci-contre, nous avons résumé la production mensuelle des obus de 155 pendant les mois de janvier et d'août de chacune des années de guerre. On jugera, par les chiffres cités, des progrès accomplis. On restera toutefois confondu du laps de temps considérable qu'il a fallu pour que l'arrière puisse ravitailler les armées. En disant cela, nous n'incriminons personne. La plupart du temps, l'arrière a fait ce qu'il a pu pour donner satisfaction aux demandes de l'avant.

Certains industriels ont réalisé des tours de force, se dépensant eux-mêmes sans arrêt, pour pousser la construction de nouveaux ateliers, pour mettre au point certains détails de fabrication, pour augmenter le rendement de leurs usines. Si le front n'a pas toujours reçu ce qui lui était indispensable au moment voulu, cela provient de notre absence de préparation. C'est toujours la même constatation. Rien ne s'improvise à la guerre.

Notre plan de mobilisation avait prévu une fabrication de 400 obus de 155 par jour, soit 12.000 par mois ; elle fut portée aux chiffres ci-après :

Fabrication d'obus de 155.

	EN ACIER	EN FONTE aciérée	A balles	A mitraille	TOXIQUES	EN fonte	TOTAL
1915 Janv.	»	»	»	»	»	»	»
Août.	70.000	50.000	»	»	»	25.000	145.000
1916 Janv.	90.000	95.000	»	»	»	25.000	210.000
Août.	320.000	410.000	5.000	3.000	»	1.500	740.000
1917 Janv.	385.000	520.000	17.000	»	»	»	925.000
Août.	490.000	560.000	2.000	1.500	»	»	1.050.000
1918 Janv.	640.000	440.000	2.000	500	120.000	»	1.200.000
Août.	320.000	560.000	15.000	5.000	60.000	»	960.000
TOTAL.	14.400.000	15.400.000	170.000	40.000	1.150.000	325.000	31.485.000

La plus grosse production mensuelle fut obtenue en avril 1918 ; elle fut de 1.555.000 obus de 155, soit 130 fois plus que la production correspondant aux chiffres arrêtés avant-guerre.

Pour les autres projectiles d'artillerie lourde, les consommations ont dépassé du centuple les prévisions faites avant guerre. On n'avait pas prévu qu'il serait indispensable, pendant les hostilités, d'en fabriquer. On pensait vivre sur les stocks. Le tableau suivant fait ressortir, pour les principales catégories de projectiles d'artillerie lourde, l'état des stocks en août 1914 et la production totale des obus pendant la guerre.

Calibres	Stocks existant en août 1914	Production totale pendant la guerre		
90 (1)	1.600.000	5.700.000	dont	2.635.000
95 (1)	1.050.000	5.500.000	—	3.100.000
105		8.300.000	—	
120	1.300.000	12.000.000	—	4.900.000
155	1.000.000	31.750.000	—	15.400.000
220	200.000	2.000.000	—	700.000

en fonte aciérée.

(1) Les canons de 90 et 95 furent employés seulement comme pis aller, au début de la guerre, à défaut de canons de campagne et de canons lourds. C'est ce qui explique la différence relativement faible entre les chiffres de la deuxième et de la troisième colonne pour ces calibres.

CHAPITRE IV

MATÉRIEL D'INFANTERIE

———

Dans notre plan de mobilisation nous avions prévu la fabrication de cartouches dès la période d'hostilités ; nous nous étions outillés en conséquence. Cette différence avec ce qui a été fait au point de vue munitions d'artillerie est une conséquence directe de la conception erronée de la bataille que nous avions à cette époque. « L'infanterie, pensions-nous, devra combattre sans cesse ; elle mènera le combat de bout en bout ; elle fera constamment usage de son feu. » On croyait à l'efficacité de ses tirs ; on répétait couramment que le fusil causait plus de blessures que le canon (1).

____

(1) Le pourcentage des pertes pendant la guerre de 1870-1871, auquel on se référait toujours avant 1914, et celui de la guerre russo-japonaise, avaient été les suivants :

		Pertes subies	
		par balles	par projectiles d'artillerie
Guerre de 1870-1871. .	Armée française. .	70 %	25 %
	— allemande .	90	5
Guerre russo-japonaise.	Armée russe . . .	86	14
	— japonaise. .	85	9

Pendant la guerre de 1914-1918, contrairement aux p visions,

Nous avions donc été logiques avec nous-mêmes en prévoyant les moyens d'alimenter ce combat d'infanterie qui devait durer de longues heures. Nous avions, en conséquence, pris nos dispositions pour produire des cartouches en quantités considérables. Par contre, nous n'avions jamais songé que nous aurions besoin de renouveler notre matériel d'infanterie. C'est ce que nous dûmes faire cependant. Là encore, nous avons été surpris par les événements.

A. — ARMEMENT DE L'INFANTERIE (ARMES PORTATIVES)

En août 1914, notre situation en armes portatives était la suivante ; nous disposions de :

-----

ces proportions ont été renversées. Les pertes de l'armée française ont été causées :

65 % par l'artillerie ;
23 % par l'infanterie.

Les pertes dues au canon ont été plus particulièrement élevées pendant les périodes de stabilisation du front, mais même pendant les phases de la guerre de mouvement, les pertes dues au feu de l'infanterie n'ont jamais atteint 35 %. Elles ont été :

	Pertes subies	
	par balles	par projectiles d'artillerie
En 1914, de.	23 %	75 %
A Verdun, en, août 1917	6	78
A La Malmaison, octobre 1917.	6	77
En Picardie, lors de l'offensive allemande de mars 1918	34	52
Aux armées d'offensive en juillet 1918, de	24	68

2.800.000 fusils Modèle 1886, dit Lebel.
  380.000 mousquetons, Modèle 1892, pour les servants à
       pied de l'artillerie.
  220.000 carabines, pour la cavalerie.

Sur ces quantités, 2.700.000 fusils étaient affectés aux unités, 186.000 restaient disponibles. C'était peu pour une armée de 3 millions de fantassins. Tous les mousquetons d'artillerie et presque toutes les carabines de cavalerie étaient répartis entre les corps de troupe. Notre réserve en armes portatives s'élevait à 200.000 fusils, plus 1.200.000 fusils Modèle 1874, dits fusils Gras, de 11^{mm} de calibre, que nous avions conservés dans nos arsenaux, à tout hasard, sans que personne ait pu prévoir qu'ils seraient un jour susceptibles d'une utilisation militaire. A partir de 1890, on en avait distribué aux sociétés de gymnastique; on en avait même vendu.

En 1914, nos manufactures d'armes de Saint-Étienne, de Châtellerault et de Tulle, ne fabriquaient plus, depuis longtemps, de fusils Modèle 1886. L'outillage, qui avait servi à les produire avait été entièrement transformé; il n'en existait plus trace. Nous ne fabriquions plus que les pièces nécessaires aux réparations. Par contre, Saint-Étienne et Châtellerault produisaient encore des mousquetons (50 par jour) et des fusils destinés à nos troupes indigènes, dits fusils indochinois (100 par jour). La mobilisation avait désorganisé ces ateliers à très faible rendement; elle leur avait enlevé une partie de leur personnel technique.

En août 1914, nos pertes en fusils sont très élevées. Nos troupes en retraite en abandonnent une grande quantité entre les mains de l'ennemi; le feu de son artillerie en met un nombre considérable hors d'usage. La Direction de l'Artillerie, chargée de la fabrication de tout le matériel nécessaire aux armées, ne se rend pas compte, même en fin septembre, de cette situation. Elle croit pouvoir satisfaire aux demandes de l'avant par des mesures de détail, en augmentant en particulier le nombre des fusils réparés. Comme premières mesures, elle ordonne aux manufactures de l'État d'intensifier leur production en pièces détachées, et elle organise des centres de réparation pour l'armement de l'infanterie. Le rendement de ces centres, mal organisés, dépourvus, au début, de personnel technique, est insignifiant.

En fin septembre, les demandes de fusils, de mousquetons affluent; toutes sont pressantes. Pour accroître nos disponibilités, la Direction d'Artillerie ordonne, en octobre, aux manufactures d'État d'intensifier les fabrications en cours de mousquetons et de fusils indochinois; elle compte obtenir, en quatre mois, 50.000 mousquetons et 20.000 fusils indochinois. Les mousquetons seront donnés aux troupes qui ne sont pas appelées à faire usage de leur arme normalement, en échange de leurs fusils qu'on versera à l'infanterie. Ces mesures ne sont toujours que des palliatifs.

En novembre, la situation apparaît sous son

vrai jour. Nous manquons de fusils au front, dans les dépôts. L'instruction en souffre. Il en faut de toute urgence. Nos arsenaux ne peuvent en fournir. Il faut renoncer aux petits moyens auxquels on a eu recours jusqu'alors et voir grand.

D'après une situation d'armement du 15 décembre 1914, nous n'avions, à cette date, que :

```
1.300.000 fusils au front.
  350.000   —   dans les arsenaux.
   50.000   —   en Afrique.
```

On essaie tout d'abord de tirer parti de nos anciens fusils Gras. Avant guerre, nous en avions vendu au prix ridicule de 5 francs, voire même de 3 francs. Sur les 3 millions que nous possédions en 1885, il en restait encore, au minimum, 600.000 qui pouvaient être transformés. On en distribue une partie, tels quels, aux dépôts; ils permettent d'instruire les recrues; avec quelques fusils Lebel, réservés pour les séances de tir, on peut, quand même, dresser les jeunes soldats. On cherche à en transformer une autre partie pour le front, en remplaçant leur canon de 11^{mm} par un canon de 8^{mm}. C'est une transformation qui, à première vue, semble devoir être facile à réaliser. On doit y renoncer bientôt cependant. Ce fusil, sans magasin, sans chargeur, n'inspire pas confiance au soldat; il a peur de se trouver désarmé devant un ennemi pourvu d'une arme munie de chargeur. Enfin, et c'est là une raison toute-puissante, nous manquons de cartouches pour ce fusil ; il nous est difficile de nous en procurer. Malgré ces inconvénients, on transforme de 150.000 à 160.000 fusils ; ils servent à armer certaines formations de l'arrière des armées. Cette transformation est arrêtée le 25 mai 1915.

On essaie ensuite d'acheter des fusils à l'étranger. Cette mesure, pourrait-on penser, n'aurait dû rencontrer aucune difficulté. Après plusieurs tentatives, il faut y renoncer également. On trouve des intermédiaires pour offrir des fusils, mais presque tous sont incapables de tenir leurs engagements, les fusils dont ils sont vendeurs n'existant, la plupart du temps, que dans leur imagination. On peut cependant se procurer :

120.000 fusils à magasin du calibre de 11 $^m/_m$.
 50.000   —   au Japon.
 30.000   —   aux États-Unis.
150.000   —   Remington tirant notre balle.

Tout cet armement disparate, fort coûteux, ne nous a été d'aucune utilité ; le résultat le plus clair de ces acquisitions a été d'encombrer nos magasins, d'exporter notre or et d'enrichir certains intermédiaires.

En février 1915, il nous manque toujours 700.000 fusils. Le marché Repington de 250.000 fusils, sur lequel nous avions beaucoup compté, ne doit commencer à fonctionner que huit mois plus tard (il nous livrera 3.000 fusils par mois !).

Devant cette situation, qui chaque jour s'aggrave, il faut en venir au procédé déjà employé pour notre matériel d'artillerie : remonter la fabrication du fusil en France. On passe par le même processus que pour l'artillerie : on fait appel à l'industrie privée. A la fin de 1914, celle-ci est absorbée par ses fabrications d'artillerie; elle le restera tout l'hiver 1914-1915. Au printemps 1915, elle commence à peine à sortir ses fabrications en série. Aussi, quand le Gouvernement lui demande son concours pour la production du matériel d'infanterie, elle déclare préférer continuer à consacrer tous ses moyens à un seul objet afin de ne pas disperser ses efforts; c'est un principe de saine économie industrielle. La Direction d'Artillerie admet cette raison; elle se retourne vers ses ateliers de construction et leur demande d'intensifier leur production. La puissance de ceux-ci est limitée; ils ne peuvent fournir à tous les besoins. La situation de l'armement de notre infanterie s'aggrave pendant ces discussions. Il faut, à nouveau, faire appel à l'industrie privée. En mai 1915, la Direction d'Artillerie lui demande, toutes affaires cessantes, d'entreprendre la fabrication du fusil. C'est à cette date que sont engagés les premiers pourparlers sérieux entre le Gouvernement et nos industriels. C'est ce qui explique le retard apporté par l'arrière à fournir au front les fusils qu'il réclame.

La question à résoudre en mai 1915 est difficile. La fabrication du fusil exige un outillage extrê-

mement complexe. Un exemple le fera comprendre :
Il faut effectuer 185 opérations différentes avant
de terminer la seule boîte de culasse. Cette fabrication nécessite un personnel spécial, tous ces
travaux relevant de la mécanique de précision ;
certaines pièces sont ajustées au $1/100^e$ de milli-
mètre. Notre industrie privée parvient cependant
à monter cette fabrication, et de cela il faut lui
faire gloire. Elle répartit, au début, le travail entre
les divers groupements .Dans chacun de ceux-ci,
chaque industriel ne produit qu'un très petit
nombre de pièces ; il peut donc s'outiller facilement
et obtenir de son personnel, par la répétition des
mêmes actes, un bon rendement. Plus tard, certains industriels s'outilleront pour fabriquer le
fusil entier. Tel sera le cas des établissements De-
launay-Belleville, qui arriveront à produire jusqu'à 500 fusils indochinois par jour.

Grâce à la répartition du travail, l'industrie
privée démarre en quelques semaines. Dès la fin
mai, un mois à peine après le début des premiers
entretiens, elle vient en aide à nos manufactures
d'armes. Elle fournira, pendant la durée de la
guerre, plus de 800.000 fusils.

En quelques mois, la situation de notre armement s'améliore. Notre production de fusils atteindra les chiffres de :

46.000 en août 1915.
50.000 en septembre 1915.
55.000 en décembre 1915.

Elle passera par un maximum de 102.000 en juillet 1916. A cette date, nos stocks sont tels que nous pouvons réduire nos fabrications; nous les ramenons à 70.000 par mois. Les moyens de production ainsi libérés, nous permettent d'entreprendre la fabrication du fusil automatique.

Pour les mousquetons, leur production mensuelle était de 1.500 lors de la déclaration de guerre. On pousse leur fabrication à 3.000; on la maintient à ce taux jusqu'en mai 1915; à cette date, on la suspend pour consacrer tous nos efforts à la production du fusil. On la reprendra en septembre 1916; on la portera à plus de 25.000 en septembre 1918.

Grâce à ces mesures, nous disposerons, à l'armistice, de près de 2.400.000 fusils et mousquetons, tant sur le front que dans nos arsenaux.

Nous avons résumé, dans le tableau ci-après, la situation de notre armement d'infanterie en fusils, carabines, mousquetons en 1914, et nos fabrications pendant la guerre :

	Situation de l'armement en août 1914	Production totale pendant la guerre
Fusils 1886, Mod. 93 (fusils Lebel).	2.800.000	220.000
Mousquetons Mod. 1892	380.000	480.000
Carabines cavalerie.	220.000	50.000
Fusils Mod. 1907-1915, indo-chinois	50.000	2.113.000
. Fusils Mod. 1917, semi-automatique, R. S. C.		80.000

La fabrication des armes portatives nous a mis aux prises avec des difficultés différentes de celles que nous avions rencontrées dans la production de notre matériel d'artillerie; elles n'ont pas été moindres. Peut-être même nous ont-elles coûté plus de peines pour les surmonter! Pour construire des fusils, il n'est point besoin de masses énormes de métal, point besoin d'un outillage puissant; il s'agit d'un travail de mécanique de précision qu'on ne peut improviser. Par suite, notre manque de préparation a été plus particulièrement sensible dans cette branche de nos industries de guerre. Ce même fait ressortira encore plus nettement de l'étude des obstacles que nous avons eu à vaincre dans la fabrication des armes automatiques.

B. — ARMEMENT DE L'INFANTERIE
(MITRAILLEUSES ET FUSILS-MITRAILLEURS)

L'effort fait pour doter notre infanterie de mitrailleuses et de fusils-mitrailleurs est comparable à celui qui a été fourni pour doter notre artillerie de l'armement nécessaire; il est du même ordre.

Au début de la campagne, nous ne disposions que d'une quantité infime de mitrailleuses : 2.000 dans les corps de troupe, 3.000 dans les dépôts et dans les places fortes. Presque toutes étaient du modèle de Puteaux, au mécanisme compliqué, aux enrayages fréquents; seules, quelques unités, en particulier les formations coloniales, étaient armées de la mitrailleuse Hotchkiss, plus simple et plus rustique.

Le 15 septembre 1914, il manque 800 mitrailleuses à nos unités de première ligne; c'est la conséquence de nos premiers engagements. Pour combler ce vide, les corps font appel aux mitrailleuses de leurs dépôts; ceux-ci les leur fournissent immédiatement, les besoins des combattants primant tout. Ce ne peut être là, cependant, qu'une solution provisoire. Les dépôts ne peuvent rester sans armes automatiques; elles leur sont nécessaires pour réentraîner les réservistes, pour instruire les recrues. Le Gouvernement ordonne donc de diriger sur les dépôts toutes les mitrailleuses qu'on peut récupérer à l'intérieur, en particulier celles qui constituent l'armement des places fortes; on les utilise tant bien que mal pour l'instruction, quoique la plupart aient été livrées sans leur support de campagne.

Les premiers combats ont démontré l'importance de la mitrailleuse dans la lutte d'infanterie. Cette importance ira en s'accentuant pendant la durée de la guerre; l'homme du rang, le fusilier tirera de moins en moins. A partir de 1918, il servira presque exclusivement à encadrer et à protéger contre toute surprise les mitrailleuses, qui deviennent les organes normaux de feu.

Une grande partie de nos pertes d'août et du début de septembre provient de notre infériorité numérique en armes automatiques, et peut-être aussi du rendement inférieur sur le champ de bataille de notre mitrailleuse de Puteaux, par rapport à la mitrailleuse allemande.

La première cause d'infériorité — le moins grand nombre — n'est contestée par personne; dès septembre 1914, on y pare peu à peu, au fur et à mesure de nos disponibilités en matériel. Notre compagnie régimentaire de mitrailleuses (2 mitrailleuses par bataillon) est dédoublée pendant l'automne 1914; elle est complétée, pendant l'hiver 1914-1915, par une compagnie de brigade; finalement, elle deviendra un organe de bataillon.

La deuxième cause d'infériorité, celle d'ordre technique, est admise moins facilement. Les combattants, dès septembre 1914, sont unanimes pour déclarer que notre mitrailleuse de Puteaux est trop compliquée; ils ne pourront convaincre que lentement les services de l'arrière. Ceux-ci, pendant longtemps encore, conserveront leur admiration pour la mitrailleuse de Puteaux. Ne résout-elle pas tous les problèmes de tir qu'un théoricien peut poser en chambre?

La création des unités nouvelles, que nous avons énumérées plus haut, nécessite une augmentation considérable du nombre des mitrailleuses en service. Pour nous les procurer, on remet en route en fin septembre 1914 leur fabrication à Puteaux; on l'augmentera progressivement jusqu'à atteindre, en décembre 1916, son maximum; à ce moment, elle sera de 60 par jour.

A la fin de l'été 1915, le Gouvernement, sur la demande instante des coloniaux qui, sous toutes les latitudes, ont pu se rendre compte des qualités extraordinaires de simplicité et de résistance de la hotchkiss, se décide à faire une première commande aux usines de ce nom. Il ne se résoudra que plus tard à leur demander un gros effort; il y sera contraint cependant, et, peu à peu, toutes nos unités en première ligne seront dotées de cette mitrailleuse. A la fin de 1917, nous produirons près de 100 hotchkiss par jour.

En plus de ces deux types de mitrailleuses, nous en avons commandé d'autres en Angleterre pour armer certaines de nos formations spéciales et nos avions. Nous en avons commandé également aux États-Unis.

Dans le tableau ci-après, nous avons résumé la dotation de notre armée en mitrailleuses lors de la déclaration de guerre et notre production pendant la guerre. On se rendra compte ainsi de l'effort que nous avons eu à demander, à ce point de vue, à notre industrie, effort qui, du reste, n'a commencé à faire sentir ses effets qu'à partir de la fin de 1915. La production en série n'a pu être obtenue qu'après une longue période de démarrage, et cependant, en août 1914, nos ateliers de construction sortaient normalement plusieurs mitrailleuses par mois! Puteaux n'a pu en produire que 5 par jour en novembre 1914, 7 en décembre 1914, 10 en avril 1915.

Nombre de mitrailleuses lors de la déclaration de guerre	Types	Production pendant la guerre
4.800	Mitrailleuses Mod. 1917	40.000
300	— Hotchkiss	48.000
—	Vickers	12.000, dont 10.000 achetées à l'Angleterre et 2.000 fabriquées en France.
—	Lewis	11.500, dont 7.000 achetées à l'Angleterre et 4.500 fabriquées en France.
—	Colt	1.000, achetées aux États-Unis.

En 1915, on se rend compte de ce que, dans la lutter approchée, il faut de moins en moins compter sur le fusil; son efficacité, en présence de l'arme automatique, est presque nulle. Le fantassin enterré ne peut que rarement lâcher son coup de feu à coup sûr; chaque fois qu'il vise, il est obligé de se découvrir; il s'expose et le sait; aussi, la plupart du temps, consomme-t-il ses cartouches en pure perte. Avec la mitrailleuse il n'en est pas de même. Toujours pointée sur l'objectif, il suffit d'agir sur la détente pour déclencher ses rafales meurtrières. Mais la mitrailleuse constitue un objectif important, visible, que l'ennemi peut prendre à partie avec son artillerie et détruire au moment le plus critique. Il faut cependant obliger l'adversaire à rester cloué au sol en l'arrosant avec un engin peu visible d'une grêle de plomb; ce ne peut être qu'avec une arme automatique, à grand rendement, qui conserve son pointage constant. La mitrailleuse Hotchkiss est excellente, mais elle est lourde. De ce fait, elle est peu maniable; ses déplacements sont peu faciles dans la zone avant de la bataille. Pour l'installer sur un point quelconque, en plein combat, pour assurer son service, il faut grouper autour d'elle plusieurs servants. C'est un point sensible de la ligne de feu; il peut être mis tout entier hors de service par un coup heureux. De plus, bien qu'une compagnie de mitrailleuses ait été donnée à chaque bataillon, on considère que la puissance de feu de l'infanterie est encore insuffisante. Il faut la renforcer par des mitrailleuses ultra-légères, servies par un homme ou deux. Ces pièces doivent permettre le tir en marchant, afin que, même en mouvement, l'infanterie puisse continuer à faire usage de son feu et contraindre l'ennemi à rester terré. C'est dans ce but qu'est créé le fusil-mitrailleur, le F. M. Dès le début, il est bien accueilli par l'infanterie. Il répond à une nécessité. Malheureusement le modèle adopté est une solution de guerre hâtive, et, par suite, assez imparfaite.

En 1917, on jugera que la puissance de feu de l'infanterie, malgré ses mitrailleuses, malgré ses F. M., n'est encore pas suffisante. Pour l'augmenter, on lui distribuera, à partir du début de 1918, un fusil automatique d'un maniement délicat. Il ne donnera de résultats que dans les unités qui pourront bénéficier d'une longue période de repos et d'instruction pour entraîner leurs fusiliers au maniement de cet engin perfectionné.

A l'armistice, nos usines de guerre nous avaient fourni :

>   225.000 fusils-mitrailleurs
> et   80.000 — automatiques, modèle 1917.

Les résultats auxquels nous sommes parvenus dans cette branche de l'armement sont remarquables. Nous avons dû, en pleine guerre, étudier, mettre au point des types d'armes nouvelles, créer l'outillage nécessaire à leur production et mettre celle-ci en route sans interrompre les autres fabrications en cours, qui, comme celles de l'artillerie et de l'aviation, étaient particulièrement importantes et qui semblaient devoir absorber tous nos moyens.

C. — MUNITIONS DE L'INFANTERIE

A ce point de vue, nous nous étions préparés soigneusement. Nous croyions, en effet, que l'infanterie serait amenée à faire usage de son feu pendant des heures entières, et nous avions prévu, de ce fait, une consommation énorme de munitions; certains même craignaient le gaspillage. C'est pour cette raison que, pendant longtemps chez nous, on fut opposé à l'adoption d'un fusil à chargeur. Le soldat, énervé, chercherait, pensait-on, à s'étourdir. Avec une arme à chargeur, il viderait trop facilement et trop rapidement ses cartouchières. Avec le tir coup par coup, on limitait ce gaspillage. Notre fusil, avec son magasin ne pouvant être pratiquement regarni au combat, donnait satisfaction à cet égard.

A la mobilisation, nos stocks s'élevaient à plus de 1.300 millions de cartouches. Nous avions pensé que la consommation n'excéderait jamais 30 millions par jour (300.000 hommes engagés à 100 cartouches par homme) et que les premiers engagements importants n'auraient pas lieu avant le vingtième jour. Dans ces conditions, ce stock devait nous permettre d'atteindre le début du troisième mois d'hostilités, date à laquelle, estimait-on couramment, les grands combats seraient terminés.

Toutefois, pour ne pas être pris au dépourvu, nous nous étions outillés pour reconstituer rapidement nos stocks. Nos cartoucheries militaires possédaient, dès le temps de paix, des éléments séparés de cartouches. Elles devaient à la mobilisation augmenter leur production et la porter progressivement à 3.500.000 par jour; ce taux devait être atteint le vingtième jour; il devait être maintenu tel quel jusqu'à la fin du quatrième mois. A ce moment, il devait être ramené au chiffre de 2.500.000 par jour. On admettait que, à cette date, la guerre serait entièrement terminée. Ces cartouches serviraient à reconstituer nos nouveaux stocks.

Nos consommations en munitions d'infanterie n'atteignirent jamais les chiffres escomptés. Nous maintînmes cependant, au début, les fabrications de nos cartoucheries au taux prévu par leurs journaux de mobilisation. Il fallait, en effet, compenser les pertes en munitions subies pendant notre retraite et celles qui résultèrent du mauvais état de nos organisations défensives pendant l'automne 1914. Au contact des terres détrempées qui constituaient le fond et les parois des tranchées, les cartouches s'enrobaient d'une couche de boue telle qu'on ne pouvait plus les introduire dans le fusil. Toutes celles qui tombaient des cartouchières étaient perdues. Dans les sols marécageux ou argileux, on se servait parfois aussi des caisses de munitions pour le revêtement des parapets.

Pour ces raisons, et bien que la consommation réelle en cartouches fût faible, les demandes de munitions pendant l'automne 1914 furent très importantes. A la fin du troisième mois des hostilités, il fallut maintenir le taux de fabrication de 3.500.000 cartouches par jour. Seules, des difficultés de ravitaillement en poudre nous obligèrent, malgré nous, à la restreindre à partir de décembre. Nos fabrications passèrent par un minimum en mars 1915. Nos cartoucheries ne livrèrent, ce mois-là, que 40 millions de cartouches, soit 1.300.000 par jour.

Cette diminution dans la production coïncida précisément avec une augmentation dans la consommation sur le front. Ce fut la résultante des modifications introduites dans l'armement de l'infanterie. En augmentant sa dotation en mitrailleuses, terribles consommatrices de cartouches, on devait s'attendre à une poussée dans la consommation. Il ne faut pas oublier que des pièces ont tiré jusqu'à 9.000 coups par heure, et même davantage, et, certaines sections, plus de 40.000 coups dans une journée de combat!

Le développement des armes automatiques dans notre armée nous oblige à augmenter progressivement nos fabrications de munitions d'infanterie. Nous arrivons à produire 7 millions de cartouches par jour. Ces chiffres restent quand même comparables à ceux des prévisions d'avant-guerre. Ils sont dans le rapport de 2 à 1 ou de 3 à 1, suivant qu'on considère les fabrications du vingtième au cent vingtième jour ou celles après le cent vingtième jour. Il n'y a pas, entre eux, la même différence qu'entre les prévisions pour les fabrications d'obus de 75 et notre production en 1917.

Stock de cartouches d'infanterie en août 1914. 1.300.000.000

Production de cartouches d'infanterie
pendant la guerre (soit 4,5 notre stock
d'août 1914) 6.300.000.000
Fabrication prévue, par jour, du 20ᵉ au
120ᵉ jour 3.500.000
Fabrication prévue, par jour, après le
120ᵉ jour 2.500.000
Fabrication maxima journalière 7.000.000

D. — AUTRES BESOINS DE L'INFANTERIE

Notre infanterie, en 1914, n'était pas outillée pour la guerre de tranchées. Elle manquait d'outils solides pour remuer la terre, sa bêche et sa pioche portatives n'avaient aucun rendement; elle manquait d'engins à tir courbe pour se défendre de tranchée à tranchée; elle manquait de vêtements chauds pour passer l'hiver. Tout cela, on en sentit la nécessité dès le début, dès septembre 1914. Malheureusement, faute de moyens, faute d'une organisation industrielle suffisamment souple et suffisamment poussée à l'arrière, on ne put le procurer aux troupes en temps utile. Il faudra attendre des mois avant de posséder des grenades à la fois sensibles et à grand rendement, et cependant sans éclatements prématurés, ou des fusées de signalisation aux combinaisons multiples, qui, par le nombre d'étoiles qu'elles jettent dans la nuit, renseignent l'arrière et, notamment, déclenchent les tirs de barrage; il faudra des mois avant de les mettre à la disposition des unités sur le front; il faudra

des années avant d'avoir des rails ou du ciment
pour construire des abris à l'épreuve.

Certes, dans une guerre où les moyens mis en
œuvre ne pouvaient pas être tous prévus, il était
difficile de donner à notre infanterie, à son premier
désir, tout ce qu'elle fut amenée à demander, au
fur et à mesure des nécessités de la lutte; mais,
les armées française et allemande se trouvaient
toutes les deux exactement dans la même situation; les mêmes besoins se faisaient sentir des
deux côtés, très sensiblement en même temps,
souvent au même moment. Or, — et ceci fut
pénible à constater pour le soldat dans la tranchée, — les Allemands nous ont presque toujours devancés dans la mise à la disposition
de leur infanterie de l'outillage nécessaire. Ceci
tient :

1º A ce que les rapports entre le commandement et son industrie étaient plus fréquents et
plus étroits chez eux (1) que chez nous;

2º Au plus grand rendement de leurs usines,
plus puissamment outillées que les nôtres.

Ces deux faits-là, nous ne devons pas les oublier.
Certes, notre industrie ne peut pas encore égaler
comme puissance et comme capacité de rendement l'industrie allemande, mais nous pouvons
compenser cette faiblesse par une entente plus

____

(1) La question de l'organisation des rapports du commande
ment allemand avec son industrie de guerre sera étudiée dan-
le cinquième volume de la *Mobilisation industrielle.*

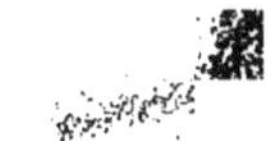

étroite entre le combattant et l'industriel, par une préparation plus soignée de toutes nos forces de production à l'arrière.

Pendant la guerre, nous avons fait l'impossible pour procurer à notre infanterie l'armement rendu nécessaire par la lutte de tranchées; la plupart du temps, malheureusement, nous n'avons pu le lui fournir que très tardivement. Nous pouvons résumer comme suit notre effort à ce point de vue :

Nombre d'outils portatifs.

En service en 1914	4.200.000
En réserve en 1914	1.100.000
Fournis de 1914 à 1918	15.400.000
Production mensuelle maxima.	450.000

Nombre d'outils de parc (envoyés aux armées de 1914 à 1918).

Pelles	3.200.000
Pioches	1.700.000
Pics.	350.000

Grenades pour infanterie :

Grenades à main, incendiaires		1.100.000
—	fumigènes	2.250.000
—	suffocantes.	2.800.000
—	O. F. (offensives)	34.000.000
—	F^1.	23.000.000
—	D. F. (défensives). . . .	11.000.000
Projectiles D. R.		38.000.000
— obus V. B		39.000.000
— obus B^1 (pour obusiers)		4.500.000
— — B^2 (pneumatiques)		100.000

Matériel de signalisation (Fabrication de la seule année 1918).

Fusées signaux.	1.175.000
Cartouches V. B.	6.250.000
— 25^m_m.	4.750.000
— 35^m_m.	825.000
Pistolets 25^m_m	20.000

Matériel fourni aux armées pour l'organisation des tranchées.

Tôles ondulées.	950.000 éléments.
Rails de chemins de fer	2.700.000 —
Ciment.	32.000 tonnes

CHAPITRE V

LE MATÉRIEL DE TRANSMISSION

A. — L'ÉVOLUTION AU COURS DE LA GUERRE

Par « transmissions », il faut entendre tous les moyens mis en œuvre sur le champ de bataille pour permettre aux diverses autorités un échange constant de relations aussi sûres et aussi rapides que possible. Les transmissions font partie de cet ensemble qu'on appelle la « liaison », d'où résulte la convergence des efforts vers le but fixé par le chef. Pour employer le langage des géomètres, les transmissions sont une condition nécessaire, mais non suffisante, de la liaison.

Cette notion de liaison a pris, au cours de la dernière guerre, une importance telle, que certains ont pu la croire nouvelle. Alors qu'en 1914 il fallait soigneusement compulser les règlements des différentes armes pour découvrir les quelques paragraphes où il en était question, 1915, 1916, 1917 ont vu paraître une succession d'instructions du G. Q. G. entièrement consacrées à la liaison. Les moyens employés pour la réaliser, si rudimentaires à la mobilisation, se sont développés dans des proportions atteignant et dépassant même ce qui fut fait pour l'armement.

La liaison ne constitue pourtant pas une nouveauté ; elle est nécessairement à la base de toute force militaire organisée ; c'est la condition première du succès pour toute entreprise collective. Pourquoi donc lui attribuait-on si peu de place dans notre doctrine militaire d'avant-guerre, si peu de moyens dans notre matériel de mobilisation ?

C'est encore une conséquence du dogme de la toute-puissance du mouvement et de la supériorité de l'offensive. Avant tout, disait-on, il faut éviter de ralentir le fantassin par une préoccupation de liaison avec les autres armes ou avec ses voisins ; il faut éviter de l'alourdir par un matériel de transmissions.

« La liaison sur l'ennemi », que de fois avons-nous entendu cette formule au cours des manœuvres d'avant-guerre ? Sur ce point, comme sur tant d'autres, la puissance du feu nous astreignit durement au respect des réalités. Cette liaison qui devait se faire *sur* l'ennemi, le combattant dut la chercher *devant* l'ennemi et, trop souvent, faute de moyens, il ne put la réaliser.

Très vite on dut se rendre à l'évidence : impossibilité pour l'infanterie d'aborder une position défendue par des armes automatiques, sans appui d'artillerie (ou ultérieurement des chars de combat). Mais cette action d'artillerie s'exerce sur un ennemi abrité, offrant peu de surface vulnérable; elle doit s'accorder avec celle de l'infanterie.

Ajustage très précis, dans l'espace et dans le temps, du tir de l'artillerie à la manœuvre de l'infanterie; tel est en définitive le problème principal qui se pose dans l'attaque. Pour le résoudre, il est indispensable d'établir un contact entre l'avant, où l'on connaît les besoins de l'infanterie, et les positions de batterie, là où sont les canons qui peuvent y satisfaire. C'est ce qu'on appelle la *liaison infanterie artillerie,* trois mots qui ont soulevé et soulèveront encore bien des polémiques dans les milieux militaires.

Les moyens de réaliser ce contact, ce sont les *transmissions.* Mais, du fait de l'accroissement de la portée des armes, du fait de l'accroissement de leur débit et du meilleur rendement de leurs projectiles, la zone à franchir est devenue plus large et les communications y sont devenues beaucoup plus difficiles. La puissance du feu rend totalement insuffisants nos moyens de transmissions. Là encore, il faut improviser; ce n'est qu'au prix d'efforts considérables que l'intérieur peut satisfaire aux demandes des armées et toujours tardivement.

A la mobilisation, chaque régiment d'infanterie est parti avec sept téléphones et 6 kilomètres de fil. Le souci de conserver à l'infanterie toute sa mobilité avait fait adopter un matériel offrant peu de garanties de bon fonctionnement : appareil fractionné en trois charges portées chacune par un homme, fil émaillé fragile, mal isolé, très difficile à réparer. Dans l'artillerie, deux téléphones et 500 mètres de câble seulement par batterie. Les appareils sont d'un modèle différent, mais aussi défectueux que ceux de l'infanterie.

C'est tout ce que possède la division. Elle n'a pas d'autres moyens que ceux des corps de troupe, pas d'appareil T. S. F., pas de poste optique, pas d'artifice de signalisation. Au corps d'armée, un détachement de sapeurs télégraphistes met en œuvre quelques appareils télégraphiques et téléphoniques. Dans les armées et les grandes unités de cavalerie, on trouve quelques postes de T. S. F. automobiles.

L'insuffisance de ces moyens ne tarde pas à se faire sentir. L'artillerie adopte les positions de batterie à grand défilement, c'est-à-dire loin des crêtes, loin des observatoires. Il faut pouvoir pousser les observateurs très en avant des batteries, quelquefois à plusieurs kilomètres. La pénurie de moyens de transmission ne le permet pas. Que d'occasions perdues à cette époque, faute d'un bon téléphone et de quelques kilomètres de fil ! Les artilleurs cherchent, par tous les moyens, à se procurer ce matériel dont l'utilité est maintenant unanimement reconnue... mais un peu tard. Dans tous les cantonnements de l'avant, de larges emprunts sont faits aux bureaux de poste et aux installations privées. Fils lumière, fils sonnerie, tout est bon pour les circuits téléphoniques. Des officiers sont envoyés à Paris avec mission d'y acheter tout ce qu'ils peuvent trouver comme matériel téléphonique. De là, une diversité d'appareils qui subsistera longtemps encore après l'organisation d'un service régulier de ravitaillement en matériel. L'infanterie marche également dans cette voie et, dès l'hiver 1915, il est bien peu de commandants de compagnie qui n'aient le téléphone dans leur abri, en première ligne.

1915 voit également apparaître les premiers avions équipés en T. S. F. Très rapidement, dès que le front s'est stabilisé, on s'est rendu compte du peu de rendement de l'observation terrestre. Pour découvrir quelque chose dans le vide apparent du champ de bataille, il faut l'œil de l'observateur en avion, capable de survoler tous les replis du terrain. Pour que cet avion puisse régler le tir de nos canons sur les objectifs qu'il aperçoit, il faut lui donner la parole, c'est-à-dire un poste émetteur de T. S. F.; il faut donner en même temps aux batteries une oreille, c'est-à-dire un poste récepteur. C'est le début de l'emploi de la T. S. F. dans les petites unités.

En 1916, la dure expérience de Verdun montre qu'au moment d'une attaque ennemie il ne faut plus compter sur le téléphone, qui est mis hors de service dès le début de la préparation d'artillerie.

On s'efforcera de le doubler par des moyens moins vulnérables : emploi de la T. S. F. à terre, télégraphie par le sol, optique, signalisations par fusées, pigeons voyageurs, etc... Pour la plupart de ces moyens de transmission, il faut créer de toutes pièces un matériel nouveau, il faut faire l'instruction de la troupe appelée à le servir. Tout cela est long à mettre au point et il faut bien reconnaître que, malgré les pigeons du fort de Vaux et quelques autres exemples analogues, c'est encore au coureur d'infanterie qu'échoit, devant Verdun, la lourde tâche de porter l'ordre ou le renseignement au travers du barrage allemand. Une fois de plus c'est l'homme qui compense le défaut des moyens matériels, mais au prix de quels sacrifices !

En 1917 et en 1918, tous ces matériels nouveaux sont distribués aux armées et subissent peu à peu une série de perfectionnements dictés par l'expérience. A la fin de la guerre, certes, on ne peut pas dire que le difficile problème de la liaison au combat soit entièrement résolu; il reste encore beaucoup à faire pour adapter le matériel aux exigences du champ de bataille, notamment en ce qui concerne la rusticité, la maniabilité et le transport; néanmoins, les progrès réalisés sont considérables. On peut s'en faire une idée par les chiffres qui figurent à la fin de ce chapitre.

B. — LES FABRICATIONS

Nous avons vu dans les chapitres précédents les difficultés rencontrées dans la fabrication de l'armement et des munitions. En ce qui concerne le matériel de transmission, les difficultés sont d'un ordre quelque peu différent. D'abord, la fabrication porte sur un tonnage beaucoup moins considérable; d'autre part, elle ne nécessite pas un outillage aussi puissant ou aussi précis, comme, par exemple, les presses à forger pour les obus ou les machines-outils de précision pour les armes portatives.

Par contre, quand il s'agit d'appareils électriques ou optiques compliqués, on ne peut confier le travail qu'à des spécialistes très au courant de la fabrication. En fait, pour les appareils de T.S.F., c'est principalement la question de recrutement du personnel ouvrier qui gêne la construction.

D'un autre côté, pour certaines matières premières nécessaires à ces fabrications, nous étions tributaires de l'étranger, par exemple pour le plomb, le caoutchouc, le bioxyde de manganèse, la paraffine. En 1917, la difficulté de trouver du plomb réduit notre production d'accumulateurs; en 1918 le bioxyde de manganèse fait défaut pour les piles. La construction de certains appareils, constitués de matériaux d'origines très diverses, est par là même rendue très difficile. L'exemple suivant est typique à cet égard (1) :

---

(1) Exemple tiré de la *Revue du Génie*.

Il s'agissait de la fabrication de petits condensateurs à armatures d'aluminium, isolées au papier paraffiné. Ces condensateurs sont employés en grand nombre dans tous les appareils de T. S. F. A un moment donné, le constructeur n'avait plus ni papier, ni paraffine, ni aluminium. Il fallut intervenir auprès de la marine marchande pour faire venir d'Égypte la paraffine commandée aux Indes Néerlandaises, et qu'on avait intempestivement débarquée à Port-Saïd, au risque de la faire fondre. Il fallut ensuite acheter l'aluminium extra-mince en Suisse, seul endroit où on pouvait se le procurer, et faire pour cela des démarches sans nombre. Le fabricant de papier, lui, posait un ultimatum; il ne consentait à livrer le papier commandé que contre livraison à son usine d'un wagon de chlorure de calcium dont il avait besoin pour le blanchiment et qui était bloqué à cause de la crise des transports. Ainsi, pour un seul condensateur, qui ne représente qu'une infime partie d'un appareil de T. S. F. très complexe, il fallut agir auprès des compagnies de navigation, des compagnies de chemins de fer et des organes d'achat à l'étranger.

En plus de ces difficultés inhérentes aux fabrications proprement dites, il ne faut pas oublier qu'il s'agissait dans beaucoup de cas, notamment pour la T. S. F., de la création d'un matériel entièrement nouveau, souvent même d'applications nouvelles de découvertes scientifiques récentes;

avant de passer à leur réalisation, il fallut souvent se livrer à de multiples recherches, parfois
même il fallut organiser des laboratoires d'études
spéciaux, capables de procéder à toutes les recherches nécessaires.

En résumé, les difficultés rencontrées dans cette
branche de nos fabrications de guerre peuvent
être rangées en trois catégories principales :

1º Nécessité de procéder à des recherches scientifiques forcément longues et difficiles;

2º Difficulté de ravitaillement pour certaines
matières premières;

3º Difficulté de recrutement du personnel ouvrier au courant de ces fabrications spéciales.

Malgré tout, les résultats obtenus ont été considérables. Les chiffres ci-après en donneront une
idée.

Remarquons que c'est une des rares rubriques
de l'outillage militaire où nous n'ayons pas été
systématiquement devancés par les Allemands.
Ainsi, en 1918, au moment de l'armistice, ils
expérimentaient chez eux les premiers appareils
de T. S. F. à ondes entretenues, alors qu'il y en
avait déjà plusieurs milliers en service dans nos
armées.

1° *Tableau comparatif du matériel existant à la mobilisation et du matériel livré aux armées pendant la guerre.*

Nature du matériel	Existant à la mobilisation	Livré pendant la guerre
Câble léger.	300 km	800.000 km
Câble de campagne .	400 —	500.000 —
Fil nu.	300 —	500.000 —
Câble sous plomb. .	900 —	100.000 —
Téléphones.	2.000	200.000
Tableaux ou standards	néant	150.000
Piles téléphoniques .	2.000	.1.700.000
Appareils optiques .	néant	70.000
Piles pour signaleurs.	néant	1.500.000
Postes T. P. S. . . .	néant	10.000
Postes T. S. F. d'infanterie	(en tout environ 50 postes automobiles à étincelles)	5.000
Postes T. S.F. récepteurs d'artillerie .		8.000
Postes T. S. F. d'avions		12.000
Postes T. S. F. à ondes entretenues. .	—	3.000
Accumulateurs . . .	néant	300.000

Tableau comparatif de la production mensuelle en 1914 et à la fin de 1917.

Nature du matériel	Production mensuelle en 1914	Production mensuelle fin 1917
Câble de campagne .	3.000 km	12.000 km
Câble léger.	4.000 —	20.000 —
Fil nu.	4.000 —	14.000 —
Téléphones.	750	3.500
Tableaux.	250	2.000

Dépenses consacrées à l'achat du matériel de transmission pendant la guerre.

1° Achats en France.

Année **1914**	15	millions
— **1915**	50	—
— **1916**	125	—
— **1917**	200	—
— **1918**	250	—
TOTAL	640	—

2° Achats à l'étranger : 450 millions.

Qu'arriverait-il, en cas d'une guerre, en ce qui concerne le matériel de transmission? Certes, la situation serait meilleure qu'en 1914, en raison du développement pris en France par l'industrie électrique, en raison principalement du grand nombre d'ateliers de construction d'appareils de T. S. F. qui se sont créés depuis la guerre.

Néanmoins, il faut tenir compte de ce que les besoins du temps de guerre ne sont en rien comparables aux productions du temps de paix. Si l'on s'en tient aux enseignements de la fin de la guerre, la consommation en câbles téléphoniques ne sera pas loin d'atteindre 100.000 kilomètres par mois; normalement, on n'en produit pas le centième. On peut donc se demander si nos possibilités du temps de paix suffiront aux nécessités qui apparaîtront dès la mobilisation.

D'autre part, pour une grande partie du matériel, il est impossible de constituer dès le temps de paix des stocks importants. En particulier, tout ce qui est câble isolé se conserve mal et doit être renouvelé au bout d'un temps relativement court. Pour d'autres matériels, pour ceux de T. S. F. notamment, les progrès de la technique sont tels que les appareils sont appelés à se démoder très rapidement et qu'on ne peut songer à en construire d'avance en grande série.

Pour ces diverses raisons, il est nécessaire de prévoir, dans la mobilisation industrielle, la part importante qui doit revenir aux fabrications de matériel de transmission.

CHAPITRE VI

LE MATÉRIEL D'AVIATION

A. — LES BESOINS

Avant la guerre, nous étions persuadés, en France, que nous étions les maîtres incontestés de l'air. N'était-ce pas dans notre pays qu'avaient eu lieu les premiers vols? N'étaient-ce pas nos pilotes qui, dans toutes les courses internationales et dans tous les meetings, remportaient les premiers prix? Imbus de l'idée de notre supériorité, nous ne voulûmes pas voir ce qui se passait hors de chez nous, principalement de l'autre côté du Rhin. L'Allemagne était venue très tard à l'aviation, mais elle avait rapidement compris son importance et deviné l'emploi qui pourrait en être fait dans la bataille. Elle s'était mise au travail avec acharnement et méthode. Dès 1913, on pouvait considérer son aviation comme une rivale dangereuse pour la nôtre.

Bien avant la guerre, un des premiers, dans l'*Aérophile* (1), nous avions attiré l'attention du

---

(1) Ces articles parurent sous la signature « Raoul Volens ».

pays sur ce point. On ne voulut point nous croire. On nous objecta le développement de notre construction aéronautique, qui n'était égalée par celle d'aucun autre pays. N'avions-nous pas exporté en 1913, pour près de 11 millions de francs d'appareils ? L'Angleterre, l'Allemagne, l'Italie n'étaient-elles pas nos principaux clients? Sur les 286 avions exportés, l'Allemagne ne nous en avait-elle pas acheté 60? « Elle ne le ferait point, nous disait-on, si elle était satisfaite de ses fabrications ! » Devant cette raison péremptoire, il n'y avait plus à discuter. Dès les premières rencontres, il fallut reconnaître, malheureusement, que nos avertissements n'étaient que trop fondés.

L'avion d'août 1914, avec sa vitesse moyenne de 70 à 100 kilomètres à l'heure, sa faible charge utile (de 100 kilos au maximum), son faible rayon d'action pratique, ne pouvait convenir qu'aux missions de reconnaissance d'ordre tactique, difficilement à celles d'ordre stratégique. On n'avait pas prévu la lutte d'appareil à appareil; on l'avait interdite. Les accidents d'aviation, en temps de guerre, semblaient donc devoir être du même ordre que ceux éprouvés en temps de paix, puisque produits par les mêmes causes, qui étaient indépendantes de l'état de guerre. Pour ces raisons, on avait estimé qu'il était inutile de prévoir une grosse consommation d'avions. Une production semblable à celle du temps de paix devait suffire à tous les besoins. C'est pourquoi nous ne prîmes aucune mesure spéciale, avant août 1914, pour assurer, le cas échéant, la construction d'un grand nombre d'avions. La mobilisation de l'aviation n'avait été envisagée que très sommairement; on n'avait aucune idée du rôle qu'elle jouerait dans la bataille.

Les événements ne devaient pas tarder à montrer que, en aviation aussi, notre conception de la guerre était fausse. Dès août 1914 un avion allemand survole Paris, y laisse tomber une bombe. L'aviation allemande existe donc. Non seulement elle est capable d'exécuter des raids de reconnaissance, mais encore elle fait du bombardement. C'est une surprise désagréable pour nous. Cette mésaventure nous impose l'obligation morale de l'imiter et de bombarder à notre tour les centres vitaux de l'Allemagne : gares, grandes usines de guerre. Le jet par nos avions de fléchettes acérées sur les colonnes ennemies, se révèle inefficace; il faut recourir à la bombe, à l'explosif. Heureusement, nous disposons de Voisin munis du moteur Canton 130 CV qui emportent du poids. On peut, avec eux, installer à bord une mitrailleuse et commencer la chasse, lancer des obus empennés et exécuter des reconnaissances de 350 kilomètres au-dessus de la Belgique.

En octobre 1914, nous nous rendons compte de l'insuffisance de nos prévisions en tant que construction d'appareils. Il faut, là encore, augmenter notre production, spécialiser nos appareils, les doter d'engins de bombardement, d'engins de combat. La carabine ou le revolver qu'emportent nos pilotes ne leur sert à rien. Il nous faut arrêter un programme de constructions nouvelles et le réaliser dans le minimum de temps.

Au début, nous nous heurtons à une première difficulté : le trop grand morcellement de notre industrie aéronautique. Le 1er août 1914, on comptait, en effet, dans la seule région parisienne :

22 maisons s'occupant de moteurs d'aviation;
27   —   de la construction de la cellule;
6   —   de la fabrication des hélices.

Cette dispersion dans la construction amène une diminution dans l'effort de recherche et dans la production. L'État étant amené à répartir ses commandes entre toutes ces maisons, aucune n'est suffisamment prospère pour consacrer à l'étude de nouveaux prototypes et à leur mise au point les sommes nécessaires. Aucune d'elles, non plus, n'est suffisamment bien outillée pour entreprendre une fabrication en série.

Après une longue période de tâtonnements, nous arrivons cependant à adopter une règle de conduite qui nous permet de nous lancer dans la fabrication en série. L'État choisit un certain nombre de types d'appareils, ceux qui lui semblent les meilleurs; il répartit leur construction entre toutes les maisons d'aviation; celles qui ont créé le type reçoivent, par avion fabriqué par d'autres maisons, une ristourne déterminée à l'avance.

Grâce à cette règle, qui amène dans nos fabrications une certaine unité, nous pourrons, tant bien que mal, satisfaire aux besoins de nos armées pendant la guerre.

Le nombre d'avions en service sur le front français était, en mars 1917, théoriquement, — nous disons théoriquement, car, comme nous le verrons plus loin, les chiffres officiels sont loin de la réalité :

	NOMBRE D'AVIONS				
	de reconnaissance et d'artillerie	de chasse	de bombardement		Total
			de jour	de nuit	
Fin 1914 . .	240	220	80		540 (1)
Fin 1915 . .	2.220	1.050	1.000	100	4.370
Fin 1916 . .	3.900	2.600	700	350	7.550
Fin 1917 . .	6.650	5.350	1.600	850	14.450
Nov. 1918 . .	9.100	10.300	1.500	1.450	22.400

*Rapport entre le nombre d'avions
en novembre 1918 et en décembre 1914.*

Reconnaissance	Chasse	Bombardement de jour	Bombardement de nuit	Total
3.790	4.680	1.940	1.450	4.150
100	100	100	0	100

(1) En 1914, la spécification des avions en diverses catégories est complètement illusoire.

Ces chiffres montrent la grandeur de l'effort fourni ; mais, là encore comme partout ailleurs, le résultat ne fut jamais atteint en temps utile. Ainsi, le chiffre d'avions en service sur le front de nos armées du Nord-Est était, le 1er mars 1917 (1), de :

> 400 avions de chasse ;
> 930   —   d'artillerie ;
> 256   —   de bombardement.
> ___________
> 1.586 avions,

sur lesquels beaucoup étaient inutilisables, ou ne pouvaient rendre que des services limités.

> 50 avions de chasse étaient d'un type abandonné (80 HP Nieuport).
> 885   —   d'artillerie étaient d'un type trop vieux et ne permettaient pas à leurs équipages de franchir les lignes.
> 240   —   de bombardement n'avaient pas de vitesse et emportaient trop peu de poids pour être pratiquement utilisés.

Si on déduit tous ces appareils de sstatistiques officielles, on arrive à un chiffre très faible d'avions réellement utilisables. On s'explique ainsi la faiblesse de notre aviation, à certains moments. Pour parvenir aux totaux formidables des statistiques officielles, il faut ajouter aux appareils en

____

(1) Renseignements extraits de la séance du Comité secret du 14 mars 1917, à la Chambre des Députés.

service dans les armées du front du Nord et du Nord-Est ceux des divers centres d'entraînement, ceux des armées d'Orient, et, peut-être aussi, ceux en réparation, car les statistiques officielles ont toujours eu la fâcheuse tendance de faire paraître comme plus grand qu'il ne le fut réellement l'effort fourni.

Notre production mensuelle en mars 1917 était insuffisante pour maintenir en état de vol nos 1.600 appareils en service sur le front. Pour l'ensemble des fronts et pour les diverses écoles à l'intérieur, nous ne produisions, en effet, que 850 appareils par mois; il nous en aurait fallu au moins un millier.

Le commissaire du Gouvernement à la séance du Comité secret du 14 mars a dû reconnaître que notre production restait inférieure à toutes les prévisions. En mars 1917, il ne compte recevoir que 716 appareils :

> 360 Nieuport de chasse;
> 220 avions de corps d'armée;
> 136 avions de bombardement.

Il espère se rattraper les mois suivants, en poussant les fabrications à 970 appareils en avril, à 1.091 en mai, à 1.275 en juin, mais tout cela, ce ne sont que des prévisions, ce ne sont que des espoirs qui n'ont jamais été réalisés; on le constate aujourd'hui en compulsant les documents.

En fait, nos fabrications n'ont jamais pu être

poussées assez rapidement pour permettre à notre aéronautique de jouir, lors de nos grandes attaques, d'une supériorité indéniable. Les progrès des deux aviations sont restés sensiblement parallèles. Lorsque l'une d'elles s'assurait sur sa rivale d'un léger avantage, elle était sûre de ne pas conserver longtemps son avance. Dans les derniers mois de la guerre, toutefois, les Alliés ont bénéficié, sur les Allemands, d'une supériorité numérique incontestable, lorsque les Anglais et les Italiens eurent donné, eux aussi, un gros essor à leur aviation militaire; mais, au point de vue technique, les avions allemands ont toujours égalé sensiblement les nôtres. Ceci est particulièrement vrai pour les appareils de bombardement. Jusqu'en 1922, nous n'avons rien fait de mieux que leurs avions géants destinés au bombardement de Londres.

B. — FABRICATION DE LA CELLULE

Pendant toute la guerre, la cellule de l'avion, en France tout au moins, ne s'est guère transformée. Elle est restée très sensiblement ce qu'elle était au début de l'aviation, du temps des frères Wright. Nous avons, seulement, peu à peu, renoncé au monoplan. Nous y avons été poussés par les raisons suivantes :

1o Nous n'avions pas, en 1914, de monoplans biplaces réellement utilisables. Trop chargés au mètre carré, ils ne montaient ni assez haut, ni assez vite et atterrissaient trop lourdement;

2º La visibilité à leur bord était mauvaise. Pour y obvier, on créa le parasol, que son centrage défectueux rendit dangereux;

3º Pour faire des monoplans biplaces, on augmenta leur envergure, tout en s'efforçant de conserver le même poids, d'où des accidents de rupture d'ailes.

La substitution du biplan au monoplan était donc logique; il eût semblé que l'évolution n'aurait pas dû s'arrêter là et que nous aurions dû aller au triplan, au moins pour les très gros avions. Après des expériences qui ne furent pas suffisamment prolongées et qui ne donnèrent pas les résultats espérés, uniquement faute d'un moteur assez puissant, nous nous en tînmes au biplan. Nous renonçâmes ainsi à réaliser l'avion puissamment armé et gros porteur.

C'est pourtant dans cette voie qu'auraient dû être poussées les études. En n'y entrant pas, nous limitions nos progrès. Nous pouvions perfectionner les détails; nous nous interdisions les programmes aux larges conceptions qu'aurait dû imposer la connaissance de la guerre aérienne, tant sur terre que sur mer.

Quand on étudie le développement de notre aviation pendant la guerre, on constate à chaque instant notre absence de recherches scientifiques, notre manque de laboratoires et d'organisation industrielle; on le remarque encore plus nettement quand on examine la fabrication des divers organes de l'avion. Ainsi, nous ne modifions en rien la construction des ailes. Ce sont toujours les mêmes formes qu'on recopie. Pour augmenter la vitesse de l'avion, on se borne à des perfectionnements qui relèvent, plus souvent, de l'esprit de débrouillage du pilote ou du contremaître que de l'art de l'ingénieur. On diminue la résistance à l'avancement en supprimant des haubans, des croisillons; on réduit, au minimum, les résistances passives en enfermant moteur, passager, réservoirs dans une même enveloppe; on effile, de plus en plus, les formes; on augmente la finesse du planeur; on diminue le poids du carter en employant l'aluminium; on allège les trains d'atterrissage. Ce ne sont là que des mesures de détail. Elles font gagner quelques kilomètres de vitesse à l'avion, l'allègent de quelques kilos, mais nous ne renonçons à aucun des procédés de fabrication qui rendent nos appareils fragiles. Jusqu'à la fin de la guerre, sauf pour un type d'appareils, nous construirons nos longerons, nos poutres d'ailes en bois, alors que les Allemands, déjà avant 1914, les construisaient en métal, ce qui présentait pour leurs avions sur les nôtres les avantages suivants : Les appareils métalliques, ne craignant rien des agents atmosphériques, pratiquement, restent indéformables. On peut accroître facilement leur résistance aux pressions. Dès que les efforts auxquels ils sont soumis deviennent élevés, leur poids est moindre que celui des appareils en bois; ils résistent également mieux aux effets de destruction des projectiles.

Chez nous, pendant longtemps encore, même après guerre, nous nous obstinerons à construire les cellules en bois. « Les Allemands, disent certains partisans de cette fabrication, ont construit leurs cellules en métal parce que, pendant la guerre, ils n'avaient plus de bois!» Excuse spécieuse qui ne vise qu'à masquer notre infériorité industrielle dans l'utilisation des métaux pour la construction aéronautique.

Pendant que, à ce point de vue, nous ne faisions aucun progrès, les Allemands, dès 1916, étudient le remplacement de la toile qui recouvre les ailes de leurs avions par une enveloppe métallique extrêmement légère. Nous ne commencerons, nous, qu'en cette même année, à utiliser les alliages métalliques légers, comme le duralumin. Nous n'en généraliserons pas l'emploi; nous les réserverons pour certaines parties de l'avion. Aujourd'hui encore, nous sommes loin de les utiliser aussi largement qu'eux, faute de les bien connaître.

A ces critiques de notre conception de la construction aéronautique, on répondra certainement que nous ne pouvions agir autrement, qu'il fallait construire rapidement, pour répondre aux besoins des armées, que nous n'avions ni le temps, ni les moyens d'étudier de nouvelles fabrications. L'objection n'est pas sérieuse. Il faut distinguer entre la recherche et la production en série. Rien ne doit empêcher de poursuivre, en même temps et parallèlement, les études et les fabrications. Ce sont là deux questions entièrement différentes qui ne peuvent se nuire mutuellement, qui n'exigent ni le même personnel, ni les mêmes moyens. En France, pendant toute la guerre, nous avons par trop négligé la recherche scientifique, en ce qui concerne l'aviation tout au moins.

Bien que nous n'ayons fait que répéter des types connus, il a fallu attendre l'été de 1917 pour pouvoir fournir à nos armées tous les avions dont elles avaient besoin. C'est là, pour une industrie déjà existante et dont il suffisait d'augmenter le rendement, un temps de démarrage par trop long. Cela tient à ce que nous ne fabriquions les avions qu'unité par unité. Leur construction, dans ces conditions, ne demandait qu'un outillage sommaire, mais limitait notre rendement. Pour l'augmenter, il eût fallu fabriquer en série. Cela n'eût été possible qu'avec la construction métallique. En fabriquant les éléments à la presse à estamper ou à la presse à emboutir, on aurait pu, avec un maximum d'outillage et un minimum de main-d'œuvre qualifiée, accroître considérablement notre production, mais, pendant la guerre, nous n'étions pas prêts à entreprendre la construction métallique des avions.

Dans le tableau ci-dessous, nous avons résumé : 1º la production trimestrielle des avions neufs (cellule et fuselage) pendant la guerre ; 2º le nombre total des avions envoyés chaque trimestre au front, en comprenant, dans ce nombre, aussi bien les avions neufs que ceux réparés.

	AVIONS NEUFS		AVIONS NEUFS ET RÉPARÉS	
	Nombre	Chiffres comparatifs	Nombre	Chiffres comparatifs
1914				
3ᵉ trimestre...	110	1	110	1
4ᵉ — ...	430	4	450	4
1915				
1ᵉʳ trimestre...	970	9	1.500	14
2ᵉ — ...	1.150	10	2.380	21
3ᵉ — ...	1.200	11	3.100	28
4ᵉ — ...	1.150	10	2.100	19
1916			Commencement de la période de démarrage	
1ᵉʳ trimestre ..	1.400	13	3.900	35
2ᵉ — ...	1.700	15	4.500	41
	Commencement de la période de démarrage			
3ᵉ — ...	2.200	20	4.900	45
4ᵉ — ...	2.250	20	4.900	45

	AVIONS NEUFS		AVIONS NEUFS ET RÉPARÉS	
	Nombre	Chiffres comparatifs	Nombre	Chiffres comparatifs
1917				
1er trimestre. . .	2.900	26	5.750	52
2e — ...	3.550	32	7.550	69
3e — ...	3.850	35	8.700	79
4e — ...	4.100	37	8.800	80
1918				
1er trimestre. . .	4.700	43	10.000	91
2e — ...	6.500	59	13.000	120
3e — ...	7.700	70	16.700	152

C. — FABRICATION DES MOTEURS

La plupart des reproches qu'on adressait, au début de la guerre, à l'aéronautique, étaient imputables aux moteurs. Ils étaient trop faibles. Cela réduisait la charge utile de nos avions. Avec les moteurs de 1914, nos appareils du début de la guerre ne pouvaient emporter, outre le passager et l'observateur, que l'essence nécessaire pour une heure ou une heure et demie de vol. Leur rayon d'action était donc faible; ils ne permettaient pas les reconnaissances lointaines. Dès l'automne 1914, apparut la nécessité, pour tous les avions, de pouvoir voler à grande altitude, afin de se soustraire au tir de l'artillerie. La hauteur du plafond étant fonction, pour un appareil donné, de la puissance de son moteur, on eut ainsi une nouvelle raison d'augmenter cette puissance. Les combats aériens la firent rechercher plus encore. L'avantage dans le duel aérien appartient, en effet, presque toujours à l'aviateur montant l'appareil le plus rapide et ascensionnant le plus haut; il peut toujours accepter ou refuser le combat; s'il attaque, il le fait dans les conditions les plus favorables pour lui.

Au début de la guerre, nous ne possédions que des moteurs rotatifs à faible puissance, des 80 C. V. (1) au maximum. Leur vie était fort courte, trente à quarante heures au plus. Ils nécessitaient un entretien minutieux, des démontages fréquents. Pour les besoins de la guerre, il fallait un moteur plus puissant et plus durable.

Les Allemands, avant 1914, s'étaient arrêtés au moteur fixe à refroidissement par eau. Cette solution offrait un certain nombre d'avantages. Le moteur fixe était déjà connu; il suffisait de l'améliorer et de l'alléger. Au début, nous nous en tînmes, nous, au moteur rotatif ou au moteur fixe à refroidissement par air (80 H. P. Renault) pour n'avoir, à bord, ni radiateur, ni circulation d'eau, afin d'alléger, au maximum, l'avion. Nous ne nous rendions pas compte de ce que le moteur fixe consomme moins que le moteur rotatif et que, pour un appareil destiné à voler un certain temps,

---

(1) Chevaux vapeur, la nouvelle abréviation C. V. remplaçant l'ancienne HP.

il y a intérêt, même au point de vue du poids, à avoir un moteur fixe, sans parler de la sécurité plus grande que présente ce dernier.

Dès que nous voulûmes dépasser la puissance de 150 C. V. avec des moteurs rotatifs, nous éprouvâmes de telles difficultés de mise au point qu'il nous fallut, quoique tardivement, recourir au moteur fixe. Pour augmenter la puissance de nos moteurs, nous pouvions,

soit multiplier le nombre des cylindres,

soit augmenter le volume de la cylindrée,

soit augmenter la vitesse de régime.

La deuxième solution présentait l'inconvénient d'entraîner un changement complet d'outillage ; la troisième se heurtait à des difficultés d'ordre mécanique. On se rabattit donc sur la première : la multiplication du nombre des cylindres.

Le type commun du moteur d'automobile, à quatre cylindres en ligne, qui nécessite un lourd volant pour l'équilibrer, ne pouvait convenir à l'aviation, en raison de son poids. Aussi, au début, adopta-t-on les 8 cylindres en ligne ou le moteur fixe en étoile. Au cours de la guerre, suivant l'exemple des Allemands, nous construisîmes des 6 cylindres en ligne. A l'armistice on étudiait des 24 cylindres en V.

Dans tous ces moteurs, nous cherchâmes toujours à réaliser l'extrême légèreté. Nous introduisîmes l'aluminium partout où il était possible

de le faire, afin de réduire le poids et de faciliter les échanges thermiques; nous allégeâmes les moteurs en réduisant l'épaisseur de la paroi de leurs cylindres, celle de leurs pistons, en diminuant même le diamètre de l'axe de leurs vilebrequins, en un mot en leur enlevant toutes les parcelles de métal qui n'étaient pas strictement indispensables. On arriva ainsi au poids, par C. V., de 1^{kg} 100, puis de 1 kilo, enfin de 950 grammes à la fin de 1917; les rotatifs pesaient 900 grammes par C. V. dès 1913.

Tous ces moteurs étaient très poussés. Tous tournaient à une vitesse de 1.600 à 2.000 tours-minute. Étant données leur vitesse de régime et surtout leur extrême légèreté, ils se fatiguaient rapidement. Il fallait les démonter au bout de trente à quarante heures de vol et les changer au bout de cent heures au maximum.

C'était là une solution coûteuse. Elle exigeait de notre industrie un effort sérieux; elle l'obligeait à fournir chaque mois un grand nombre de moteurs. Dans l'autre camp, les Allemands prennent une solution diamétralement opposée. Eux s'en tiennent au moteur fixe, lourd au cheval. Ils ne lui font que de rares infidélités, au début de la guerre par exemple, lorsqu'ils dotent leurs avions de chasse de moteurs rotatifs qui ne sont que des copies des nôtres. Ce n'est qu'une exception. Ils reviennent vite au moteur fixe. Partis de grosses cylindrées, ils les conservent de telle sorte qu'ils n'ont pas besoin, pour augmenter la puissance de leur moteur, d'accroître outre mesure le nombre des cylindres. Tous leurs moteurs, à la fin de la guerre, n'en comportent que de six à huit en ligne. Leur vitesse de régime est réduite; elle ne dépasse pas 1.500 tours-minute. Ces moteurs solidement construits, avec des arbres-vilebrequins, des bielles, des soupapes très renforcés par rapport aux nôtres, durent plus longtemps que les nôtres. Leur vie moyenne dépasse 600 heures de vol. Sans doute, ils pèsent plus que les nôtres, $1^{kg}500$ en général par C. V.; mais cet inconvénient est minime, à notre avis, en comparaison des avantages qu'ils présentent : durée plus grande de la vie du moteur, plus grande sécurité en l'air (par suite de la moindre fréquence des pannes), consommation plus faible.

La très grande usure de nos moteurs nous oblige, du reste, à faire peu à peu appel à l'étranger. Dès 1916, nous n'arrivons plus à construire tous les moteurs qui nous sont nécessaires. Nous en demandons à l'Angleterre, aux États-Unis, et surtout à l'Italie; c'est celle-ci qui nous en fournit le plus. Rien qu'en 1918, elle nous cède 1.762 moteurs Fiat pour notre aviation. C'est la conséquence de l'adoption de moteurs trop légers. Notre industrie, absorbée de tous les côtés, ne peut plus fournir à toutes les demandes de l'avant; elle doit avoir recours à une aide extérieure.

Dans le tableau ci-après, nous avons résumé notre production trimetrielles :

1° En moteurs neufs;

2° En moteurs neufs et moteurs réparés.

	Moteurs neufs		Moteurs neufs et réparés	
	Production trimestrielle	Chiffres comparatifs	Production trimestrielle	Chiffres comparatifs
1914				
3e trimestre. . .	150	1	150	1
4e — . . .	750	5	1.200	8
1915				
1er trimestre. . .	1.400	9	2.900	19
2e — . . .	1.850	12	4.700	31
3e — . . .	1.650	11	6.700	45
4e — . . .	2.250	15	6.900	46
1916				
1er trimestre. . .	3.150	21	6.500	43
2e — . . .	3.800	25	7.600	51
3e — . . .	4.700	31	9.000	60
4e — . . .	5.150	34	10.500	70
1917				
1er trimestre. . .	4.350	29	11.650	78
2e — . . .	5.600	37	18.000	120
3e — . . .	5.750	38	20.000	135
4e — . . .	7.100	47	21.000	140
1918				
1er trimestre. . .	8.650	58	21.900	146
2e — . . .	11.800	79	24.000	160
3e — . . .	12.750	85	27.150	181

Pour la production des moteurs neufs, notre industrie n'a réussi à démarrer qu'au début de

1916; il lui a fallu ce délai pour s'organiser. Jusque-là, elle avait porté tous ses efforts sur la réparation des moteurs. C'était, en effet, une question encore plus urgente que la fabrication de moteurs neufs, puisque, de sa prompte résolution, dépendait l'existence même de notre aviation. A partir de l'été 1915, notre industrie arrive à satisfaire à peu près aux demandes de l'avant et à effectuer des réparations en nombre considérable; mais, jusque-là, notre situation reste critique.

Avant de clore ce chapitre, nous mettrons sous les yeux du lecteur la répartition de notre production entre moteurs rotatifs et fixes, étoilés ou en ligne.

	Rotatifs		Étoilés		En ligne	
			FIXES			
	Production annuelle	Augmentation par rapport à 1914	Production annuelle	Augmentation par rapport à 1914	Production annuelle	Augmentation par rapport à 1914
1914, 2ᵉ sem .	550	1	150	1	200	1
1915.	3.250	5,9	2.000	14,6	1.850	9,1
1916.	6.250	11,2	3.550	25,8	6.350	31,7
1917.	10.750	19,3	1.200	8,8	11.400	57
1918 (jusqu'à l'armistice).	6.350	11,4	5.550	40	29,450	147,3
TOTAL. .	27.150	48,8	12.450	90,2	49.219	246,1

Ces chiffres sont intéressants, aussi bien quand on compare la production des diverses catégories entre elles que lorsqu'on rapproche notre fabrication en 1918 de notre situation en 1914.

D. — L'ÉQUIPEMENT DES AVIONS

Ainsi que nous venons de le voir, nous avons pu, tant bien que mal, produire, pendant la guerre, en quantités suffisantes, cellules et moteurs. On aurait pu souhaiter que les 'cellules fussent plus solidement construites, que les moteurs fussent de plus longue durée, que tout ce matériel nous fût fourni plus tôt, c'est évident; mais, en tous cas, nous avons pu livrer aux combattants très sensiblement les appareils qu'ils réclamaient. Pour les accessoires il n'en a pas été de même. Les retards mis par l'arrière pour satisfaire aux besoins de l'armée ont, à ce point de vue, dépassé toutes les prévisions.

Au début de la guerre, nous manquâmes de magnétos. Pour en doter nos avions, il fallut enlever celles qui se trouvaient sur certaines autos. Il fallut attendre 1916 pour avoir des appareils photographiques comparables à ceux que possédaient les Allemands dès 1915. Il fallut recourir aux Anglais et aux Américains pour armer nos avions de mitrailleuses légères aux enrayages peu fréquents et à grande vitesse de tir, etc... Qui ne se souvient des luttes amicales que se livraient, sur le front, les diverses escadrilles, pour s'emparer de la magnéto ou de l'appareil photographique d'un avion abattu, et pour en doter un des leurs? Qui ne se souvient des ruses déployées par elles pour conserver ces dépouilles précieuses, malgré les ordres des armées?

Au point de vue projectiles d'aviation, nous avons fait un effort plus sérieux; mais là encore, nous avons été comme toujours devancés par notre adversaire. Pendant trop longtemps, nous nous sommes obstinés à construire des bombes de faible puissance, alors que l'Allemagne en était déjà aux bombes de 500 et même de 1.000 kilos. Notre production en bombes est indiquée dans le tableau ci-après :

Bombes explosives		10 kilos	365.000
—	projectile de .	155 court	55.000
—	— .	155 lourd .	60.000
—	— .	120 G. A. .	60.000
—	— .	50 G. A.	21.000
—	— .	50 kilos A.	54.000
—	— .	100 —	4.000
—	— .	140 —	1.100
—	— .	500 —	50
Bombes incendiaires de		10 kilos	56.000
— éclairantes			44.000
Grenades incendiaires			55.000
— éclairantes			17.000

Toutes ces fabrications n'ont commencé à sortir en grosses quantités que dans le courant de l'été 1916.

CHAPITRE VI

POUDRES ET EXPLOSIFS

I. — SITUATION A LA MOBILISATION

a) LES POUDRES. — En 1914, toutes les puissances militaires avaient depuis longtemps abandonné la vieille poudre noire dans laquelle le *comburant* (salpêtre) est seulement mélangé par trituration aux *combustibles* (charbon et soufre). Les poudres en service étaient constituées par des explosifs nitrés dans lesquels comburant et combustible sont associés par voie de combinaison chimique et forment des composés définis.

Ces explosifs nitrés, coton-poudre et nitroglycérine, sont trop brisants pour être employés tels quels dans les bouches à feu. En France, en 1884, pour la première fois, M. Vieille réussit à obtenir des poudres progressives par gélatinisation du coton-poudre dans des dissolvants appropriés. Ces poudres nouvelles, dites poudres sans fumée ou poudres colloïdales, ont des propriétés balistiques supérieures à celles de la poudre noire.

Elles sont de types différents suivant la nature du dissolvant employé pour gélatiniser le coton-poudre.

En France, nous avions adopté la poudre B qui s'obtient par dissolution du coton-poudre dans le mélange alcool-éther. En réalité, une partie seulement du coton-poudre se dissout, le reste est seulement incorporé par trituration; il en résulte un manque d'homogénéité dans la masse qui n'est pas sans inconvénients.

Dans d'autres pays, aux États-Unis et en Espagne, par exemple, on emploie du coton-poudre entièrement soluble, ce qui permet d'obtenir des poudres plus homogènes.

Une autre catégorie de poudres sans fumée est constituée par les balistites dans lesquelles, en place d'un dissolvant inerte qu'on doit éliminer presque complètement en fin de fabrication, on emploie, pour gélatiniser le coton-poudre, la nitroglycérine, qui est elle-même un explosif puissant. Pour arriver à une dissolution complète, il faut au moins 50 % de nitroglycérine. Ces poudres, employées en Italie et en Allemagne, sont puissantes, homogènes, restent comparables à elles-mêmes, mais leur combustion s'effectue à une température très élevée, supérieure de 800 degrés à la température de combustion de la poudre B; il en résulte une usure très rapide des bouches à feu.

Les cordites, en service en Angleterre, forment une nouvelle catégorie; elles sont constituées par une dissolution de coton-poudre dans l'éther acétique ou l'acétone, dissolution à laquelle

on incorpore une proportion plus ou moins grande
de nitroglycérine. Comme les balistites, elles pro-
voquent l'usure des canons; cette usure est d'autant plus rapide que la teneur de la poudre en
nitroglycérine est plus grande.

Ces différents types de poudre sans fumée présentent tous leurs inconvénients; on s'en aperçut
dès leur mise en service. En Angleterre, on dut
remplacer un grand nombre de tubes de pièces
de marine prématurément usés par la cordite.
En France, tout le monde se souvient encore de
la série d'accidents survenus, pendant la période
1895-1910, tant dans les poudreries que sur nos
navires de guerre, et dont certains, tels que les
explosions du *Iéna* et de la *Liberté*, prirent les
proportions de véritables catastrophes. Pour améliorer la stabilité de la poudre B, on y adjoignit
divers corps stabilisateurs incorporés à la pâte
en faible quantité. Celui qui semble donner les
meilleurs résultats est la diphénylamine. Mais
cette préparation est longue et minutieuse. Heureusement, pendant la guerre, on put s'en dis-
penser, les poudres n'ayant pas le temps de vieillir
suffisamment pour qu'on puisse craindre des
accidents provenant de décompositions sponta-
nées (1).

____

(1) Pour les poudres de la marine, cependant, emmagasinées
à bord des bateaux, dans des conditions souvent peu favorables
à leur bonne conservation, il fallut toujours prendre des précautions minutieuses pour leur stabilité.

b) LES EXPLOSIFS. — Les explosifs employés pour le chargement des projectiles (1) sont des composés nitrés provenant de l'action de l'acide azotique sur des matières organiques. Il existe une quantité considérable de ces matières, propres à donner des explosifs par nitrification. En France, avant la guerre, nous nous étions arrêtés au phénol, au crésol et au toluène. Les explosifs réglementaires étaient : la mélinite, la tolite et la crésylite. La mélinite, obtenue en partant du phénol, n'est autre chose que l'acide picrique. C'est un explosif puissant et sûr. Il attaque tous les métaux, sauf l'étain, en donnant des picrates très instables qui peuvent provoquer des explosions. On est donc amené à prendre des précautions particulières pendant le chargement pour l'isoler du métal de l'obus. La tolite, obtenue en partant du toluène, ne présente pas les mêmes inconvénients; aussi, quoique moins puissante, elle est très employée. La crésylite est un mélange d'acide picrique et du produit nitré obtenu en partant du crésol.

Le remplissage des projectiles se fait soit en coulant l'explosif fondu, soit en le comprimant à l'état pulvérulent. Il est indispensable que la cavité intérieure de l'obus soit parfaitement rem-

---

(1) Il s'agit, bien entendu, des obus brisants; pour les obus à balles ou schrapnels, le chargement est constitué par de la poudre noire mélangée aux balles. Quant aux torpilles de la marine, elles sont chargées en coton poudre comprimé.

plie, sans quoi, au départ du coup, il se produirait, par inertie, des tassements de la matière explosible pouvant provoquer des éclatements prématurés.

Toutes ces opérations s'effectuaient en France, avant 1914, avec les plus grandes précautions. Nos explosifs du temps de paix étaient excellents. Ceux qui garnissaient nos coffres à la mobilisation donnèrent pleine satisfaction, tant pour la sécurité que pour leur efficacité.

Malheureusement, les matières premières indispensables à la fabrication de ces explosifs étaient toutes des produits d'importation; la plupart venaient d'Allemagne.

Au cours des chapitres suivants, nous verrons quelles difficultés résultèrent de cet état de choses et comment nous fûmes amenés à mettre en service d'autres explosifs.

II. — L'ACCROISSEMENT DES FABRICATIONS PENDANT LA GUERRE

a) LES POUDRES. — En France, l'État s'était réservé le monopole de la fabrication des poudres. A la mobilisation, il existait six établissements qui fabriquaient les poudres B nécessaires aux besoins militaires.

D'après notre plan de mobilisation, la production journalière moyenne, qui était de 15 tonnes en temps de paix, devait progressivement être augmentée de manière à atteindre environ 25 tonnes à la fin du deuxième mois. Les dispositions prises devaient permettre de la maintenir à ce taux pendant une durée pratiquement illimitée.

Ces prévisions correspondaient largement au programme prévu pour les fabrications de munitions. Mais, comme nous l'avons déjà vu, dès le mois de septembre, le G. Q. G. demande que notre production journalière en munitions de 75 soit portée à 40.000 coups, quelques jours plus tard à 80.000 et 100.000, c'est-à-dire qu'elle soit décuplée.

La production des poudres devait nécessairement suivre une marche sensiblement parallèle. En fait, dès le mois d'août, les poudreries livrent une moyenne journalière de 30 tonnes; en augmentant le rendement des installations existantes, on pourra atteindre 50 tonnes au début de 1915.

Les besoins en munitions d'artillerie continuant à croître au delà de toutes prévisions, on se rend compte rapidement, dès le début de 1915, de ce qu'il ne suffit plus d'améliorer et d'agrandir. Il faut créer.

On entreprend de nouvelles installations à Toulouse, au Ripault, à Saint-Médard, à Bergerac. A la fin de la guerre, les possibilités de fabrication sont passées de 24 tonnes par jour, production prévue par le plan de mobilisation, à 500 tonnes. Il ne sera pas nécessaire d'atteindre ce chiffre. Le maximum de production sera atteint en 1917; il ne dépassera pas 400 tonnes.

La construction de ces poudreries, en raison de l'importance et de la nature de l'appareillage qu'elles comportent, demanda des délais plus longs que ceux des autres usines de guerre. L'appareillage des poudreries est, en effet, extrêmement long et délicat à établir; sa fabrication ne peut être confiée qu'aux quelques firmes spécialisées dans ce genre de construction.

Là encore, nous nous trouvâmes en présence d'un problème analogue à celui qui s'était posé pour la fabrication des obus, lorsque nos moyens de production avaient été limités par le nombre des presses à forger existant en temps de paix. Mais, tandis que pour nos munitions d'artillerie, on put adopter la solution provisoire des obus forés au tour, pour les poudres, il fallut attendre que les usines nouvelles fussent construites avant d'augmenter notre production. La fabrication des poudres est, de toutes les industries de guerre, celle qui nécessite la plus longue période de démarrage. Elle est beaucoup plus longue que pour les explosifs. La fabrication de ceux-ci n'exige pas un outillage aussi complexe.

En janvier 1915, on décide la création de nouvelles poudreries; ce n'est qu'au printemps de 1916 qu'on commence à percevoir les effets de ces installations nouvelles. La période de démarrage a été au minimum de seize mois. Dans certains cas, elle fut plus longue. Ainsi la construction de la poudrerie de Bergerac fut décidée à la suite de l'élaboration du programme de décembre 1916. Ce n'est qu'au début de l'été de 1918 que cette poudrerie commencera à travailler à plein.

Pour parer à nos besoins immédiats, en attendant le moment où les usines nouvelles pourraient commencer leurs livraisons, nous fûmes forcés de nous adresser à l'étranger. Dès octobre 1914, nous passons un premier marché avec l'Amérique pour la fourniture de 3.000 tonnes de poudres livrables dans le courant de l'année 1915. D'autres marchés suivent immédiatement. Les importations américaines de poudre B atteindront, pendant la guerre, un tonnage considérable, le quart environ, de notre consommation totale.

L'industrie américaine n'était pas outillée pour de telles productions. Elle dut, elle aussi, pour satisfaire aux commandes qu'elle avait acceptées, monter de nouvelles usines, d'où des retards sensibles dans les livraisons. Le graphique d (1) permet de comparer le chiffre des livraisons réellement effectuées avec celui prévu par les contrats. Il faut, toutefois, tenir compte des difficultés de transport. La guerre sous-marine fit, en particulier, baisser les arrivages de poudres. On peut admettre cependant que l'industrie américaine, qui s'était décidée, au début de 1915, devant l'importance des commandes, à mettre en route de nouvelles fabrications, n'a pu produire son

____

(1) Voir page 196.

plein effort que pendant l'été 1916. Elle aussi a eu besoin d'un temps de démarrage élevé, sensiblement le même qu'en France. Dans le tableau ci-après, nous avons résumé quelques renseignements numériques sur notre ravitaillement en poudres pendant la guerre.

Fabrications et achats de poudres pendant la guerre.

(Les chiffres représentent approximativement la production journalière moyenne en tonnes à l'époque considérée.)

Dates	Quantités prévues par les programmes successifs [1]	Quantités effectivement livrées	
		par les usines françaises	par l'Amérique
Juillet 1914.	15	15	
Septembre 1914.	25	30	
Janvier 1915	80	50	1
Octobre 1915	150	100	25
Avril 1916	250	180	70
Avril 1917	450	370	90
Avril 1918	450	290	100

(1) Ces programmes avaient été établis en tenant compte des livraisons *prévues* pour les projectiles. Les chiffres figurant dans cette colonne représentent donc les quantités de poudre nécessaires pour charger les douilles ou les gargousses correspondant à tous les projectiles qui auraient dû être livrés à cette date par les fabrications métallurgiques. Mais comme, en pratique, les livraisons d'obus prêts à être chargés furent toujours en retard sur les prévisions, les poudreries n'eurent jamais à fournir les quantités figurant sur les programmes.

Contrairement à ce qui se passa en Allemagne, où la fabrication des munitions d'artillerie fut persque tout le temps subordonnée aux possibilités de production de poudres, en France, grâce aux achats faits à l'étranger, on ne fut jamais arrêté par cette considération. A la fin de la guerre, les possibilités de fabrication de poudres dépassaient de plus de 40 % le chiffre des commandes.

b) LES EXPLOSIFS. — Pour le ravitaillement en explosifs, nous nous heurtâmes à d'autres difficultés. La fabrication de nos explosifs réglementaires dépendait de l'étranger, en particulier de l'Allemagne, en ce qui concerne l'approvisionnement en matières premières. Dans ces conditions, pour être certains de pouvoir continuer la fabrication des explosifs après l'ouverture des hostilités, il eût fallu constituer, dès le temps de paix, de gros stocks de matières premières. Cette manière de faire ne présentait aucun intérêt. Les explosifs se conservant parfaitement, il valait mieux constituer nos stocks en produits finis qu'en matières premières, C'est ce que nous fîmes. Notre plan de mobilisation ne comportait donc aucun programme de fabrication. Nous avions seulement admis que les trois établissements de l'État qui fabriquaient des explosifs continueraient à travailler jusqu'à épuisement de leur approvisionnement en matières premières du service courant.

Les réalités de la bataille prouvèrent combien nos prévisions étaient insuffisantes, d'autant plus que, pour des raisons exposées dans un chapitre précédent, nous fûmes amenés à augmenter considérablement la proportion d'obus explosifs par rapport à celle des obus à balles. Les besoins en explosifs furent, par suite, pendant les premiers mois de la guerre, proportionnellement plus élevés que ceux en poudre. Dès septembre, alors que normalement on n'aurait dû charger que

4.000 obus explosifs de 75 par jour, notre commandement en demandait de 40.000 à 50.000, ce
qui correspond à une consommation de 40 tonnes
d'explosif.

Le problème à résoudre était tout autre que
pour les poudres. Il ne pouvait s'agir de développer des installations existantes. Il fallait, tout
d'abord, monter une série de fabrications nouvelles, et, surtout, les approvisionner en matières
premières.

En présence des difficultés éprouvées pour se
procurer les constituants des explosifs réglementaires, on cherche des explosifs de remplacement
dont la fabrication pourra être poursuivie avec
les ressources du territoire. Le service des poudres propose presque immédiatement un explosif
chloraté qui avait été étudié dès le temps de paix
par M. Vieille en vue précisément de l'éventualité
qui s'est présentée en 1914.

Les explosifs chloratés sont malheureusement
trop sensibles; on ne put pas les employer pour
le chargement des projectiles à grande vitesse
initiale; ils devaient être, par contre, une ressource
précieuse pour le chargement des bombes de
l'artillerie de tranchée et pour le chargement des
grenades. On utilise également la schneiderite,
qui est un explosif à base de nitrate d'ammo-
niaque employé par la maison Schneider pour
le chargement des projectiles de sa fabrication.

L'emploi de ces explosifs nous laisse quelque

répit. Le service des poudres en profite pour poursuivre ses études en vue de trouver des formules nouvelles d'explosifs permettant une utilisation complète de nos ressources nationales. Beaucoup des produits ainsi obtenus donnent de bons résultats. A la fin de la guerre, nous disposons d'un grand nombre d'explosifs de remplacement; nous pouvons faire face à tous nos besoins. Ces résultats font le plus grand honneur à nos poudriers; on ne peut s'empêcher de regretter que ces recherches n'aient pas été entreprises dès le temps de paix.

Le Service des poudres ne saurait d'ailleurs être mis en cause; il n'a fait que se conformer aux directives reçues, conséquences des idées d'avant-guerre sur la durée des hostilités.

Ces études, si elles avaient été faites avant 1914, nous auraient cependant été d'un précieux secours. La mise au point d'un explosif, en effet, est une question délicate. Elle demande de longues études, de nombreux essais tant dans les laboratoires que sur les champs de tir. Par contre, la fabrication est relativement facile à mettre en route. Le temps de démarrage est court à la condition de disposer des matières premières nécessaires.

Ces études doivent par suite entrer dans la préparation de la mobilisation industrielle. Elles doivent avoir pour résultat de faire figurer dans le plan de mobilisation un certain nombre de variantes de fabrications permettant de faire face à nos besoins quelle que soit notre situation en matières premières au début de la guerre.

La production des trois poudreries fabriquant des explosifs s'élevait avant guerre à une moyenne journalière de 6 tonnes d'explosifs réglementaires (mélinite, tolite et crésylite). Pour satisfaire à nos besoins sans cesse croissants, on établit, au cours de la guerre, une série de programmes qui tenaient compte des desiderata du G. Q. G. et aussi des possibilités de fabrication des usines métallurgiques. Le tableau ci-dessous donne une idée de la progression suivie.

Production journalière d'explosifs
prévue par les programmes successifs de guerre.

Janvier 1915	100	tonnes
Juillet 1915.	150	—
Janvier 1916	350	—
Juillet 1916.	650	—
Janvier 1917	720	—
Juillet 1917.	900	—

Pour réaliser une telle progression, nous dûmes créer de nombreuses installations nouvelles d'État et passer des commandes à l'industrie privée en France et à l'étranger.

En 1917, nous comptons douze poudreries d'État et autant d'usines privées, fabriquant des explosifs. Leurs possibilités globales de produc-

tion s'élèvent en juillet 1917 à 985 tonnes. Pratiquement on n'a pas à faire appel à leur capacité totale de fabrication. Les commandes n'atteignent jamais les chiffres prévus par les programmes. On est toujours limité par les fabrications métallurgiques.

En juillet 1917, les livraisons effectuées s'élèvent par jour à 700 tonnes d'explosifs nitrés et à 170 tonnes d'explosifs chloratés. A partir d'avril 1918, la moyenne des commandes journalières ne dépasse pas 400 tonnes. En raison de l'outillage plus facile à se procurer pour une fabrique d'explosifs que pour une poudrerie, la mise en train des fabrications d'explosifs fut beaucoup plus rapide que pour les poudres. Aussi, tandis que la production des poudres passe seulement de 30 tonnes en août 1914 à 180 tonnes en mars 1916, celle des explosifs nitrés s'élève dans le même temps de 10 tonnes à 300 tonnes. Pour les explosifs chloratés, la production, à peu près nulle en décembre 1914, atteint 40 tonnes en mai 1915, 100 tonnes en mars 1916, 175 tonnes en novembre 1916. Une usine d'explosifs entièrement détruite par une explosion en septembre 1916, et qu'on reconstruit immédiatement, peut déjà fournir 12 tonnes par jour en juin 1917. La période de mise en train n'a été que de huit mois.

L'appoint fourni par l'Amérique fut relativement moins considérable pour les explosifs que pour les poudres. Pour ces dernières la proportion de produits importés a dépassé 25 %; pour les explosifs, elle a varié de 5 à 14 %.

Nous examinerons maintenant rapidement les principales difficultés rencontrées au cours de ces fabrications.

III. — LES DIFFICULTÉS DE FABRICATION

a) L'ALCOOL. — L'alcool joue un rôle très important dans la fabrication des poudres B. D'une part, mélangé à l'éther, il forme le dissolvant du coton poudre; d'autre part, il sert à la fabrication de cet éther.

Avec l'accroissement des fabrications de poudre B, la question de l'approvisionnement en alcool ne tarde pas à se poser.

Le programme que nous avions mis en vigueur à la mobilisation exigeait environ 500 hectolitres d'alcool par jour. L'exécution des programmes de guerre nécessite en réalité :

En 1916 environ 2.000 hectolitres par jour.
En 1915   —   4.000   —   —
En 1917   —   7.000   —   —
En 1918   —   6.000   —   —

Pour faire face à ces besoins, on commence par réquisitionner les stocks existants; on passe des marchés avec les distilleries encore en fonctionnement. Ces mesures suffisent tant bien que mal jusqu'au moment où les programmes de juillet 1915 et d'octobre 1915 obligent à prévoir des consommations respectives de 4.000 et de 7.000 hectolitres par jour. La production d'alcool industriel en France est en temps normal d'environ 2 millions d'hectolitres par an, ce qui correspond à une possibilité de dépense de 6.000 hectolitres par jour. Du fait de l'occupation de nos départements du Nord, du manque de main-d'œuvre, du mauvais temps, la production dès 1914 diminue de plus de moitié. Nous sommes donc hors d'état de pouvoir satisfaire à nos besoins. Pour combler ce déficit, le Service des poudres réquisitionne la production de toutes les distilleries françaises; il se réserve le monopole d'achat à l'étranger. Ces ressources lui permettront de satisfaire à peu près à ses besoins, à ceux des autres services de guerre et aussi à ceux de certaines industries privilégiées (parfumerie, liqueurs, produits pharmaceutiques).

Bien qu'il cherche par tous les moyens à augmenter notre production indigène, afin de restreindre nos dépenses — en envoyant à la distillerie des grains avariés, du maïs, du riz, de l'absinthe, du sucre non raffiné, — il doit effectuer de gros achats à l'étranger (Grèce, Russie, Amérique); ceux-ci s'élèveront à 500.000 hectolitres dans le courant de 1918.

b) Coton-poudre. — Dès septembre 1914, nous nous préoccupons des mesures à prendre pour assurer nos besoins en coton-poudre. Le développement des établissements de l'État, l'appel à l'industrie privée et même les achats en Amérique ne peuvent faire sentir leur effet que tardivement. En attendant, pour nous procurer coûte que coûte le coton-poudre nécessaire, nous en sommes réduits à remalaxer des poudres anciennes, du coton-poudre comprimé cédé par la marine et même des poudres que la marine avait fait noyer en mer.

Le tableau suivant résume le développement de la fabrication du coton-poudre ainsi que les livraisons faites par l'Amérique.

Production journalière moyenne en tonnes.

	Cotons-poudre français	Cotons-poudre importés d'Amérique
Août 1914	22 tonnes	néant
Mars 1915.	50 —	10 tonnes
Octobre 1915.	100 —	20 —
Mars 1916.	170 —	40 —
Mars 1917.	300 —	40 —

Les cotons-poudre américains représentent 15 % du total général.

Le coton nécessaire à la fabrication française de coton-poudre a été entièrement importé. Disposant, grâce à nos alliés, de la maîtrise des mers, nous n'éprouvâmes pas, pour nous le procurer, de véritables difficultés. Tout se réduisit à une question d'argent. Rien ne prouve que, dans

une guerre future, la situation sera la même.
Nous sommes donc aujourd'hui en présence du
dilemme suivant : ou constituer des stocks suffisants de coton dès le temps de paix, — c'est presque irréalisable, — ou trouver un succédané
pour fournir la cellulose qui doit être nitrifiée.
Les Allemands nous ont montré la voie à suivre
et nous-mêmes avons procédé à des études dans
ce sens pendant et même avant la guerre. Ces études
ne doivent pas être abandonnées. N'attendons pas
d'avoir trouvé la solution parfaite. Provisoirement, une solution même médiocre pourrait
nous être demain d'un grand secours. Rien n'em-
pêche, du reste, de poursuivre les études.

c) LE BENZOL. — Le benzol qui contient du
toluène et qui permet d'obtenir le phénol synthétique est la matière première essentielle pour
la fabrication des explosifs réglementaires : mélinite et tolite. Le benzol est un sous-produit de la
distillation de la houille. Avant la guerre, celui
que nous utilisions provenait presque entièrement
soit d'Allemagne, soit d'Angleterre. Lorsque, pendant la guerre, nous eûmes besoin de grandes
quantités de phénol, nous dûmes nous adresser
à nos alliés anglais; c'est là un procédé facile,
mais non économique. Pour réduire nos importations, nous cherchons à augmenter notre production
nationale. Des fours à coke sont remis en marche;
on pratique le débenzolage du gaz d'éclairage.

Nous ne prenons ces décisions que tardivement, de telle sorte qu'en 1915 nous traversons une crise sérieuse de benzol. Le débenzolage du gaz d'éclairage donnera à lui seul, une production journalière moyenne de 35 à 40 tonnes.

d) PHÉNOL. — Le phénol, qui est la matière première essentielle pour la fabrication de l'acide picrique et de la mélinite, s'obtient soit par extraction des goudrons de la houille, soit par fabrication synthétique en partant de la benzine cristallisée.

Nous dûmes monter entièrement cette fabrication au cours de la guerre. En 1914, il n'existait en France qu'une seule maison fabriquant du phénol synthétique (1 tonne par jour). Dès le début de 1915, 4 autres s'outillent pour en produire, et fabriquent ensemble 30 tonnes de phénol par jour. La production augmente peu à peu, elle atteint

60 tonnes en décembre 1915 ;
80 tonnes en février 1916 ;
200 tonnes en juin 1917.

Malgré tout, cet effort reste insuffisant. Nous devons faire appel à l'Amérique, qui nous livre environ 10.000 tonnes sur les 140.000 employées pendant la guerre.

e) ACIDE AZOTIQUE. — L'acide azotique est à la base de tous les explosifs. La quantité de nitrate nécessaire pour fabriquer 1 kilo d'explosif est de 1^{kg}7 pour le coton-poudre, 1^{kg}8 pour l'acide picrique, 3 kilos pour la tolite.

Avant la guerre, la presque totalité de l'acide azotique s'obtenait en partant des nitrates naturels du Chili. La France en importait en outre de grandes quantités pour les besoins de son agriculture. Dès 1914, notre service des poudres conclut des marchés avec divers importateurs, si bien que, pendant toute la guerre, notre ravitaillement en nitrate n'a pas rencontré d'autres difficultés que celle du transport par eau. Que serait-il advenu si nous n'avions pas eu la maîtrise des mers ?

Les Allemands se sont trouvés en face du même problème que nous, aggravé pour eux du fait du blocus de leurs côtes par les Alliés. Ils l'ont résolu d'une manière qui fait le plus grand honneur à leur industrie, en organisant la fabrication synthétique de l'acide azotique.

Pour la plupart des matières premières qui entrent dans la fabrication des poudres ou explosifs, nous étions donc en 1914 tributaires de l'étranger. Or, une tonne de poudre ou d'explosif exige environ 12 tonnes de matières premières (charbon, nitrate, coton, benzol, etc...), c'est-à-dire *12 tonnes de fret*. Lorsque le fret devint rare et coûteux, nous fûmes naturellement amenés à demander à l'étranger qu'il nous envoyât des produits finis. C'est ce qui explique les marchés importants de poudres et d'explosifs passés par nous avec l'Amérique.

f) L'Appareillage. — Toutes les installations où l'on met en œuvre de l'acide azotique nécessitent l'emploi de récipients inattaquables aux acides. Ces tubulures, touries, serpentins, etc..., sont en grès spécial dit grès chimique.

La production de ces grès n'était pas organisée en France; nous rencontrâmes de grosses difficultés pour nous les procurer. Il fallut créer entièrement une industrie nouvelle. Pour aboutir, on s'adressa à des fabricants de produits réfractaires et aussi à des fabricants de faïence et de porcelaine; on leur garantit des avantages suffisants pour les engager dans cette entreprise nouvelle. La Manufacture nationale de Sèvres donna l'exemple. Mais comme toujours, avant que les premiers produits fabriqués en France ne puissent sortir, il fallut parer au plus pressé. C'est pourquoi nous dûmes nous adresser en attendant à l'étranger : Espagne, Italie, Angleterre.

CHAPITRE VIII

LE MATÉRIEL DE GUERRE CHIMIQUE

—

Pour les projectiles d'artillerie, pour le matériel d'infanterie, pour l'aviation même, il ne s'agissait pas d'improviser; il fallait simplement augmenter le rendement d'une industrie déjà en cours. Nous avons vu à quels délais cela nous a conduits. Dans la guerre chimique, ce fut différent; nous fûmes surpris; nous n'avions absolument rien préparé. Notre réaction, à ce point de vue, est donc encore plus intéressante à étudier. Elle est caractéristique, pourrait-on dire, de l'équation personnelle de nos services et de notre industrie, c'est-à-dire du temps écoulé entre le moment où nous nous convainquons de la nécessité d'agir et celui où nous pouvons réaliser notre conception.

A. — HISTORIQUE SOMMAIRE

Le 22 avril 1915, les Allemands, dans la région de Langemark, envoient des nuages de chlore sur nos tranchées. Ce gaz suffoque, met hors de combat et tue des milliers des nôtres, facilitant l'avance de l'infanterie ennemie. L'Allemagne, en agissant ainsi, ne s'est pas conformée à la Convention de La Haye, qui interdit l'emploi « de gaz asphyxiants ou délétères ». Nous pouvions, dès ce jour, nous attendre à ce que l'ennemi renouvellerait sur d'autres points du front cette première tentative ; cela n'a guère tardé.

L'Allemagne, malgré toutes ses promesses, a volontairement inauguré cette forme odieuse de la guerre, que les autres belligérants auraient voulu éviter. Elle a ainsi augmenté le nombre des victimes. Il lui appartenait, à elle qui, pendant toute la campagne, n'a cessé de violer toutes les lois de la guerre et toutes celles de l'humanité, de prendre cette initiative dont elle a l'impudence, maintenant, de se défendre, voulant rejeter sur les Alliés l'initiative de cet acte odieux.

Aussi, pour empêcher que cette calomnie infâme ne se propage, ne devons-nous pas cesser de répéter que ce n'est que poussés par elle, devant ses attaques répétées, que nous avons dû, à notre tour, entrer dans cette voie. Les dates de ses diverses émissions de gaz sur le front français le prouvent surabondamment.

En présence de cette attaque brutale, il fallait nous défendre. Nous avons donc été conduits à prendre une double série de mesures, les unes, pour mettre nos troupes à l'abri de ces attaques, les autres, pour nous mettre en mesure de répondre à l'ennemi par des moyens identiques.

***

Pour étudier les diverses questions se référant à l'emploi des gaz, nous réunissons, à Paris, une Commission le 28 avril 1915; on la rattache au Service du génie. Elle se met au travail, enquête, propose une décision. On la remplace au début de juin par une deuxième Commission, dite des études chimiques, qui se subdivise à son tour, suivant les buts à réaliser, en sous-commissions : d'études sur le front, d'études d'agression, d'études de protection.

Ce n'est que le 1er juillet qu'on décide de passer aux fabrications. Pour cela, on crée une direction du matériel de guerre chimique, qu'on rattache au sous-secrétariat d'État de l'artillerie et des munitions. Ce service s'organise lentement, faute de personnel, faute de locaux.

Le 17 septembre, on arrive à lui donner une forme définitive : un chef responsable, adjoint au sous-secrétariat d'État et deux grands services indépendants, l'un d'études, l'autre de fabrication, mais en rapports constants.

Il a fallu cinq mois pour mettre sur pied cette organisation. Certes, pendant ce temps, nos savants ont travaillé, se dépensant au maximum pour leurs recherches, mais souvent ils ont été gênés dans leurs travaux par les lenteurs administratives. Pendant ces tâtonnements, ces tergiversations, nos troupes ont attendu le matériel dont elles avaient besoin. Dans cette période, où les heures étaient précieuses, de tels faits n'auraient pas dû se passer. Notre manque d'organisation est à la base de tous ces retards, de toutes ces incertitudes. Deux exemples feront comprendre à nos lecteurs notre insistance à ce sujet; nous voudrions que la leçon de l'expérience ne soit pas perdue.

Premier exemple. — En juillet 1915, au moment où elle s'organise, la Direction du matériel de guerre chimique reçoit des ordres à la fois du président de la Commission d'études chimiques, du directeur du génie, du directeur de l'artillerie; la plupart sont contradictoires. Erreur de conception, pas de chef responsable.

Deuxième exemple. — Le 20 juin, l'artillerie demande 80 tonnes d'un produit toxique X, livrable à bref délai; elle renouvelle sa demande le 25 juin. C'est le 2 juillet seulement que la Direction du génie donne l'ordre de fabrication (premier retard).

Comme l'artillerie a fait prévoir dans sa demande que cette première commande serait suivie d'autres ultérieures, la Direction du matériel de guerre chimique prépare le 7 juillet un plan de fabrication étendu (6 usines à organiser, 1 mine à exploiter, total des dépenses à engager, projets de contrats à passer). La Direction du génie l'apprend; elle arrête immédiatement cette initiative louable; elle donne l'ordre de se borner à fabriquer les 80 tonnes demandées; elle ne fixe aucun délai de livraison; elle spécifie, par contre, de ne pas engager de pourparlers sans y être autorisé, d'établir un rapport détaillé sur la question et d'attendre des ordres fermes pour conclure un nouveau marché avec les industriels. C'est le second retard; il sera beaucoup plus grave que le premier, car il faut rompre des conversations qui, ultérieurement, seront difficilement reprises.

Le 13 juillet, la Direction du matériel de guerre chimique fournit le rapport demandé; le 20, elle n'avait encore aucune réponse. Devant ce gaspillage de temps, — qui peut être qualifié de criminel, — la Direction du matériel de guerre chimique passe outre à l'interdiction qui lui est faite et commande ferme de nouvelles quantités du produit toxique en question. Nous ne savons pas à quel moment la Direction du génie a approuvé cette initiative, si tant est qu'elle l'ait jamais fait.

Pendant ces tergiversations, l'ennemi agit. Le 16 juillet, à La Harazée, il nous met hors de combat 10.000 hommes avec ses gaz asphyxiants. Dans les nouvelles attaques, il fait usage du brome, du bromure de benzyle, du bromacétone.

En présence de nos pertes, on comprend les

inquiétudes de notre haut commandement et de certains de nos services de l'arrière. Malgré l'avertissement providentiel du 22 avril, — on peut s'imaginer ce qu'aurait pu être le désastre si les Allemands ne s'étaient pas livrés à cette expérience préliminaire et avaient attendu, pour agir, de pouvoir le faire simultanément sur de grands fronts, — malgré cet avertissement, nos troupes, en juillet, sont encore surprises. L'organisation générale de nos services de l'arrière en est responsable. Nous préférerions la louer et lui tresser des couronnes, mais, à notre avis, il vaut mieux exposer la vérité, si dure qu'elle puisse être, afin de rechercher les responsables, si tant est que, dans une administration, on puisse en découvrir un. En agissant ainsi, peut-être, pourra-t-on éviter que de tels faits se renouvellent à l'avenir.

C'est l'organisation générale de nos services qui est responsable également de ce que dès l'été 1915 nous n'avons pas fait une riposte foudroyante à l'ennemi : elle était dans nos possibilités. A cette date, en effet, nous avions trouvé, grâce à MM. Lebeau et Moureu, un support complexe pour l'acide cyanhydrique, support inconnu de l'ennemi. Nos projectiles, chargés en acide cyanhydrique, ne se décomposaient pas au choc; ils pouvaient aller porter la mort chez l'ennemi. Celui-ci, au début tout au moins, faute d'un support convenable, n'aurait pas pu nous renvoyer ce gaz. Pourquoi ne pas avoir immédiatement exploité cette découverte? Pourquoi avoir décidé, en juin 1915, de réserver l'emploi de l'acide cyanhydrique et du phosgène? Ce sont là des questions dont il importerait e connaître la réponse.

L'ypérite (sulfure d'éthyle dichloré) a été expérimentée dans nos laboratoires de recherches scientifiques dès le début de 1916; à cette date, nous avions reconnu ses propriétés toxiques et vésicantes. Nous n'essayons pas de l'utiliser. Il faut que les Allemands l'emploient contre nous, en juillet 1917, pour que nous nous décidions à y recourir. Mais alors, une question se pose : comment en monter rapidement la fabrication industrielle? Il faut des efforts sans nom pour y parvenir. Notre première usine ne commence à fonctionner qu'en janvier 1918. Le procédé trouvé est merveilleux; il nous permet d'obtenir de grosses quantités de ce produit. Il fait le plus grand honneur à tous les chimistes qui ont su le mettre au point; mais cette fabrication aurait pu être montée plus rapidement qu'elle ne l'a été, sans notre manque d'organisation.

B. — MATÉRIEL DE DÉFENSE CONTRE LES GAZ

Dès le 23 avril 1915, on cherche un moyen pour défendre nos troupes contre les gaz. La première mesure, à laquelle on pense, est de doter chaque homme d'un moyen de défense personnelle. Deux solutions sont possibles. Il faut ou un masque filtrant qui arrêtera les émanations toxiques ou un appareil imperméable, dans lequel l'oxygène sera sans cesse renouvelé, de manière à permettre le jeu de la respiration.

La deuxième solution semble préférable de prime abord, puisqu'elle est indépendante des gaz employés, mais elle présente de grosses difficultés de réalisation pratique ; on réserve ces masques pour les officiers et les soldats qui, en cas d'attaque ennemie, ont un rôle essentiel à jouer : agents de liaison, mitrailleurs. La première solution, plus simple, moins parfaite, est réalisée la première.

On dote d'abord les troupes en première ligne de compresses fabriquées à la hâte, et pour la confection desquelles on fait appel à toutes les bonnes volontés. On les imprègne d'un sel de soude. Appliquées sur la bouche, elle n'offrent qu'une défense morale. Pour protéger les yeux, attaqués par les émanations de brome, on double les tampons d'une paire de lunettes.

Malgré leur simplicité, ces appareils ne sont pas encore distribués, à la mi-juillet, en nombre suffisant aux armées, bien qu'on ait fait flèche de tout bois et passé avec tous les fournisseurs qui se présentaient des marchés à n'importe quel prix. Ainsi, sur un marché global de 2 millions de paires de lunettes,

1.700.000 paires ont été commandées à . .	0ᶠ 75 pièce
150.000 — — . .	0 875 —
200.000 — — . .	0 95 —

Certains sachets ont été commandés à 65 centimes, d'autres à 85 centimes. Tous ces marchés ont cependant été passés en même temps.

Si nous prenons la situation des engins de protection à la date du 15 juillet 1915, nous trouvons :

	Prévus	Commandés	Distribués
Appareils respiratoires..	100.000	12.000	6.000
Appareils de protection :			
Lunettes.	3.200.000	2.000.000	250.000
Tampons.	3.200.000	2.700.000	980.000
Sachets.	2.000.000	1.850.000	700.000
Cagoules.	400.000	100.000	
Masques S. T. G. .	1.000.000	300.000	

Il faut attendre la fin de juillet 1915 pour que la lutte contre les gaz s'organise sérieusement chez nous. Le 28 juillet, la Commission d'études adopte le tampon de gaze imprégné d'huile de ricin et de ricinate de soude, qui est efficace contre le chlore et le bromure de benzyle. C'est la première compresse.

Le 16 août, la Commission la complète par un deuxième tampon au sulfanilate de soude contre le phosgène.

Le 31 août, elle en adjoint un troisième à l'acétate de nickel contre l'acide cyanhydrique.

Ces tampons parviennent, en général, dans les corps de troupe un mois après la décision de la Commission d'études.

Au début de novembre 1915, on peut dire que l'armée française est en mesure de se défendre contre les gaz allemands ; il a fallu six mois pour la doter d'engins de protection. Notre premier masque n'est pas parfait. Le reproche le plus sérieux qu'on lui adresse dans la troupe, est d'être composé de deux éléments distincts qui sont difficiles à ajuster. Leur ensemble exige un certain temps avant d'être mis en place.

En fin 1915, on adopte un nouveau masque, le M^2, qui protège, à la fois, les yeux et la bouche. C'est le premier engin pratique. Il est distribué dans les unités au début de 1916. Les hommes apprennent rapidement à s'en servir et lui font confiance, d'autant que des modifications heureuses dans la composition des éléments protecteurs augmentent son efficacité. Avec lui, le nombre des cas d'intoxication diminue fortement. Il a fallu seize mois pour le mettre au point et le distribuer.

Tel quel, ce masque vit jusqu'au début de 1918. A cette date, il est remplacé par un autre qui comporte une cartouche et se rapproche très sensiblement du masque allemand comme disposition essentielle. C'est le masque A. R. S. (appareil à respiration spéciale). Des modifications successives lui permettent de lutter contre les nouveaux gaz employés par l'ennemi en 1918.

A côté du masque A. R. S., on en met d'autres en usage dans les armées, à partir de 1917; ils comportent une boîte métallique assujettie sur le dos et pleine de matières absorbantes, au travers desquelles passe l'air à respirer. Ces appareils, extrêmement sûrs, mais volumineux, sont réservés aux hommes ayant à remplir, dans le combat, une fonction importante. Ce sont les derniers nés de la série des masques filtrants. Celle des masques imperméables est moins nombreuse; nous n'avons fait que très peu usage, pendant la guerre, des appareils à régénération constante d'oxygène et à isolement complet de l'atmosphère ambiante. Le seul utilisé est le Draeger et ses dérivés. Ils se composent essentiellement d'une source productrice d'oxygène; l'eau et le gaz carbonique expirés, sont absorbés par de la soude caustique.

*
* *

Les mesures de protection contre les gaz ne se bornèrent pas à la création et à la mise au point des différents masques. Il fallut pourvoir les chevaux d'appareils nécessaires pour leur permettre de vivre et de se mouvoir dans la zone des gaz. Il fallut rendre la vie possible aux collectivités, dans l'abri ou dans la tranchée. Ce fut le rôle des appareils de protection collective, des appareils destinés à la pulvérisation de l'hyposulfite de soude et du carbonate de soude, des appareils de désinfection des zones ypéritées, des vêtements à distribuer aux nettoyeurs de ces zones. Par cette seule énumération, on se rend compte du travail énorme que nous avons eu à accomplir pour tenir notre partie dans cette guerre chimique. Malheureusement, nos fabrications, la plupart du temps, sont encore parvenues aux troupes trop tardivement. C'est toujours, hélas, la même constatation.

Dans le tableau ci-dessous, nous avons résumé les dates essentielles de cette lutte contre les gaz, le nombre d'engins fabriqués, la date de leur adoption, celle du commencement de leur fabrication et celle du début de leur distribution aux troupes.

22 avril 1915. — Première attaque par les gaz par les Allemands (système des nappes).

MOYENS DE DÉFENSE adoptés	DATE de l'adoption	NOMBRE d'engins fabriqués	DÉBUT de la fabrication	DÉBUT de la distribution
Sachets à l'hyposulfite.	Fin avril 1915	6.000.000	Mai 1915	10 mai 1915
Tampons au ricin et au ricinate de soude. .	28 juillet 1915	13.000.000	10 août 1915	1er sept. 1915
Lunettes.	Août 1915	12.000.000	Fin août 1915	Sept. 1915
Masques M².	Janvier 1916	29.000.000	Février 1916	Mars 1916
Masques A. R. S. . . .	Fin févr. 1917	5.000.000	Mars 1917	Novemb. 1917
Appareils Tissot, grand modèle.	Fin 1916	600.000	Janvier 1917	Avril 1917
Appareils Tissot, petit modèle.	Fin 1916	84.000	Avril 1917	Mai 1917
Appareils Draeger. . .	30 mai 1915	76.900	Début juin	Fin juin 1915
Appareils à l'oxylithe.	25 mai 1915	12.000	Début juin	Fin juin 1915
Masques pour chevaux.	Août 1916	223.000	Sept. 1916	Octobre 1916

Aux critiques que nous avons faites, on objectera certainement qu'il ne nous était pas possible de produire plus rapidement, que, dans l'état de notre industrie chimique, nous avons réalisé un tour de force, que les Anglais n'ont pas mieux fait. L'industrie chimique anglaise, quoique moins développée que la nôtre, a pu cependant fournir plus rapidement ses troupes en moyens de protection. Les dates de distribution aux armées le constatent.

L'hypohelmet, qui protège à la fois les yeux et la bouche, équivaut très sensiblement à notre M^2. Ce masque, imprégné d'une solution phéniquée, dit casque P, est à mi-chemin entre notre M^2 et notre A. R. S. Complété par l'héxamine, il devient le casque P. H. et est analogue à notre A. R. S. Qu'on compare les dates de distribution aux troupes françaises, qui sont indiquées dans le tableau précédent, en ce qui concerne le M^2 et l'A. R. S., avec celles du tableau suivant, et on sera fixé.

MOYENS de défense adoptés	DATE d'adoption	DÉBUT de la fabrication	NOMBRE d'engins fabriqués	DÉBUT de la distribution aux troupes
Hypohelmet . .	Mai 1915	Mai 1915	2.500.000	Juin 1915
Casque P . . .	Juillet 1915	Août 1915	9.000.000	Septemb. 1915
Casque P. H. .	Décembre 1915	Janvier 1916	14.000.000	Février 1916

L'Angleterre, par contre, nous le verrons tout à

l'heure, nous a été inférieure dans la production des gaz offensifs. Nous avons dû lui céder une partie de ceux qu'elle a employés

***

Notre production en moyens de protection, une fois lancée, atteignit un énorme développement. A la fin, elle nous permit de venir au secours des nations alliées moins favorisées que nous, et de céder à la Belgique, aux États-Unis, à la Grèce, à l'Italie, à la Roumanie, un grand nombre d'appareils de protection, en tout 3.500.000.

C. — GAZ OFFENSIFS

En mai 1915, se posa pour nous la question : « Par quels moyens répondre aux gaz allemands? » La solution n'était pas simple. Les Allemands s'étaient préparés, depuis longtemps, à cette éventualité; ils s'étaient mis à l'étude des gaz avant 1914. Leur industrie chimique, extrêmement développée, leur offrait, du reste, des possibilités que ne permettaient ni l'industrie chimique anglaise, ni l'industrie chimique française, moins bien outillées.

Fallait-il répondre aux Allemands par des émissions de gaz comme celles dont ils nous gratifièrent en avril 1915? ou par des obus à gaz, comme ils nous en envoyèrent à partir de mai 1915? La première solution aurait exigé un énorme matériel qu'il eut été difficile de faire parvenir dans la zone de l'avant; elle eut nécessité également l'emploi de grosses quantités de gaz. Avec la deuxième solution, le matériel spécial à utiliser était moindre; elle réclamait moins de gaz; enfin, on pouvait y recourir, quelle que fût la direction du vent, à la condition qu'il ne fût pas trop violent.

Pour ces raisons, on se décida, en France, à utiliser les gaz toxiques surtout sous forme d'obus. Nous fîmes, à la vérité, quelques émissions, mais elles furent rares.

Cette décision de principe prise, il en restait une deuxième à résoudre : « Quel produit employer? » Il devait, au point de vue physiologique, produire sur l'organisme de graves lésions et être facile à enrober dans un obus.

****

Le premier corps toxique auquel on pensa fut le tétrachlorosulfure de carbone. Bien qu'il ne nécessite, pour sa production, que du chlore et du sulfure de carbone, que nous produisions normalement, on ne put les premières semaines en fabriquer que des quantités insuffisantes, faute de matières premières. Ce sont ces seules considérations qui nous empêchèrent de faire une plus grande consommation d'obus toxiques avant la fin 1915. A la rigueur, nous aurions pu disposer d'assez de chlore pour intensifier cette fabrication; ce fut le sulfure de carbone, l'autre corps composant aux applications multiples, qui nous fit défaut.

Les difficultés auxquelles nous nous heurtâmes pour nous procurer ce produit, d'emploi courant cependant dans l'industrie du caoutchouc (fabrication des masques, d'objets imperméabilisés, de pneus, d'objets chirrgicaux), ont été très sérieuses. Leur énumération même succincte permet de juger de la grandeur et du nombre des obstacles que nous avons eus à vaincre dans cette guerre chimique. Pour cette raison, nous nous étendrons quelque peu sur cette question.

Les stocks de sulfure de carbone existants avaient été réquisitionnés le 21 mai 1915. Chez les cinq fabricants de sulfure de carbone, on en trouva 485 tonnes. La production journalière étant de 6 tonnes à 6^t5, nos stocks auraient donc dû s'élever, au début de juillet, date à laquelle nous nous résolûmes sérieusement à la guerre des gaz, à : $485 + (40 \times 6) = 485 + 240 = 725$ tonnes.

Mais, sur ces quantités, il avait fallu en livrer :

Aux armées pour le Service de Santé;
A plusieurs usines travaillant pour l'armée, notamment à l'usine de produits chimiques Devaucelle;
Pour la fabrication du chlorosulfure de carbone;
Pour la fabrication du tétrachlorure de carbone;
Aux industries du caoutchouc;
Aux fabricants de soie artificielle, etc...

Aussi les stocks disponibles au début de juillet atteignaient-ils à peine les trois quarts des quantités qu'on avait prévues. Plus de la moitié de la consommation journalière avait été absorbée.

Dans ces conditions, on pouvait espérer, quand même, charger 350.000 obus avec le stock existant, plus 6.000 chaque jour avec la production journalière.

Ces prévisions ne furent même pas réalisées complètement, les besoins des usines ayant exigé qu'on augmentât peu à peu les quantités de sulfure de carbone qui leur avaient été allouées. C'est avec le tétrachlorosulfure de carbone cependant, obtenu par l'action du chlore gazeux sur le sulfure de carbone, qu'ont été chargés les premiers obus à gaz dont nous nous sommes servis pendant l'offensive de Champagne en septembre 1915. Leurs effets toxiques étaient extrêmement réduits; on dut les abandonner. On se décida alors à adopter la vincennite.

****

Pour la fabrication de ce nouveau gaz, on se heurta à des difficultés encore plus grandes. Pour produire ce corps il faut deux constituants : acide cyanhydrique et chlorure d'arsenic, si on s'en tient à la formule binaire, et trois : acide cyanhydrique, chlorure d'arsenic et chlorure d'étain, si on s'arrête à la formule ternaire.

Pour la fabrication de l'acide cyanhydrique, on s'adressa d'abord à un consortium de maisons qui réussirent à en fabriquer, dans leurs laboratoires, 40 kilos par jour. C'était tout juste de quoi suffire aux premières expériences.

Entre temps, on spécialisait une grande usine dans cette fabrication ; elle produisit, dès fin juillet, environ 400 kilos par jour. C'était insignifiant pour l'emploi qu'on voulait en faire.

Pour augmenter nos disponibilités en acide cyanhydrique, on décidait de consacrer à cette fabrication deux autres usines ; ce n'est qu'en fin juillet seulement, malheureusement, qu'on prévit leur construction ; à chacune d'elles on demanda un rendement journalier de 1 tonne par jour, rendement qu'on ne pouvait dépasser par suite de l'insuffisance des matières premières à notre disposition.

La première de ces usines, pour arriver à l'acide cyanhydrique, partait du cyanure de sodium ; or on ne pouvait lui en promettre que 30 tonnes en août, 60 tonnes en septembre, 75 tonnes à partir d'octobre.

La deuxième de ces usines prenait pour origine de ses fabrications le ferrocyanure de sodium obtenu par le traitement des masses d'épuration du gaz de Paris. Pour une tonne d'acide cyanhydrique, il faut 6 tonnes de ferrocyanure de sodium. La seule usine spécialisée dans cette fabrication — et qu'il fallait remettre en marche avant tout, sa production ayant été interrompue — n'était outillée que pour en produire 3 tonnes. Pour trouver les 3 tonnes complémentaires, il fallut augmenter sa production et régénérer le ferrocyanure qui reste à l'état de résidu après la première opération et qui renferme la moitié du cyanogène du prussiate.

*
* *

Pour la production du chlorure d'arsenic, les difficultés ont, peut-être, été moins grandes; elles n'en ont pas moins nécessité la mise en marche d'une mine et d'une usine spéciales.

Les usines existantes fin juillet pouvaient fabriquer 2 tonnes par jour de chlorure d'arsenic; elles prirent leurs dispositions pour porter leur production à 8 tonnes par jour dans le courant de septembre; mais, pour cela, il leur fallait un plus grand approvisionnement d'acide chlorhydrique et d'acide arsénieux; elles avaient besoin, en particulier, de ce dernier produit en quantités considérables.

Or, les stocks d'acide arsénieux étaient très limités en France. Les demandes directes provoquèrent une inflation des cours. Pour éviter cet inconvénient et pour en produire en grosses quantités, il fallut établir un accord entre :

La mine de Matra (Corse), qui fournissait le minerai quai Bastia;

L'État, qui le transportait jusqu'en gare de Brassac-les-Mines (Haute-Loire);

La Société Minière et Métallurgique d'Auzon, qui le prenait à la gare, le grillait et livrait l'acide arsénieux à cette même gare.

Pour le chlorure d'étain, on put s'assurer d'un stock de 180 tonnes livrables en juillet et en août 1915; mais, pour s'en procurer d'une façon régulière, il fallut prévoir le désétamage en grand de toutes les boîtes de conserves vides de l'armée, ce qui nous amena à organiser leur renvoi vers l'arrière du front.

Si nous avons insisté sur les difficultés rencontrées pour la fabrication de la vincennite, c'est pour montrer qu'elles sont la conséquence :

Du faible développement de notre industrie chimique, insuffisamment outillée, mal approvisionnée, et qu'il y a lieu de protéger en temps de paix pour l'inciter à se développer davantage;

Du manque d'organisation à l'arrière.

Quoi qu'il en soit, dès septembre 1915, nous possédions quelques lots de munitions chargés en vincennite. Il nous faudra attendre juillet 1916, c'est-à-dire la bataille de la Somme, pour les tirer, non pas que nous ayons voulu en constituer de gros stocks avant de nous en servir, afin de produire un effet massif — ce qui eût été justifié, — mais parce que nous avions peur que les Allemands ne nous en renvoient et que, mieux outillés que nous pour en produire rapidement de plus grosses quantités, ils ne nous causent plus de pertes que nous ne leur en aurions nous-mêmes infligées. Il faudra attendre que les Allemands nous envoient des gaz extrêmement toxiques pour nous décider à en faire usage.

*
* *

Quelques précisions encore pour renforcer notre thèse de l'insuffisance de notre préparation à la guerre, précisions relatives à l'histoire de la fabrication de l'ypérite. Les Allemands s'en sont servis contre nous en juillet 1917. Le corps était déjà connu en France; il avait été étudié dans nos laboratoires en 1916. Dès qu'il eût été identifié dans les obus allemands et que nous nous fûmes rendus compte de ses propriétés qui permettaient d'établir sur les champs de bataille des zones inaccessibles à l'ennemi et, par suite, d'économiser les effectifs dans les secteurs défensifs, nous décidâmes d'en entreprendre la fabrication. Nous connaissions déjà en gros sa préparation. Ce ne fut qu'en décembre, cependant, qu'on put la mettre au point; il fallut attendre janvier 1918 pour entreprendre sa fabrication en grand. Il avait fallu cinq mois pour cela. En mars, la production commence; elle ira sans cesse en augmentant. Les premiers obus français à l'ypérite sont chargés en mars; ils seront tirés en juillet 1918. Il y a juste un an que nos troupes ont reçu ceux des Allemands, qu'on connaissait communément sur le front sous le nom d'obus au gaz à la moutarde (obus à croix jaune).

Pour arriver à ce résultat, il a fallu que nos usines et nos savants réalisent un tour de force. Ils ne pouvaient faire mieux, étant donnée la faiblesse de notre industrie chimique. Cette infériorité est déplorable, car elle nous a placés, pendant toute la guerre, et nous placerait peut-être encore, en cas de conflit nouveau, en mauvaise posture vis-à-vis de l'Allemagne.

Nous avons résumé, dans le tableau ci-joint, les résultats de notre production en ypérite.

Année 1918	Production en tonnes	Nombre d'obus chargés		
		75	105	155
Mars.	0ᵗ 250	—	—	—
Avril	7 »	10.000	—	—
Mai.	150 »	200.000	5.000	500
Juin.	200 »	375.000	15.000	1.500
Juillet. . . .	250 »	300.000	20.000	5.000
Août	300 »	425.000	10.000	10.000
Septembre. .	350 »	425.000	15.000	30.000
Octobre . . .	500 »	350.000	20.000	65.000

On voit, par les chiffres cités, qu'à partir de juillet, nous fabriquons de l'ypérite en grosses quantités, mais il nous a fallu un an pour démarrer.

A partir de mai 1918, nous cessons presque complètement de fabriquer d'autres gaz que l'ypérite ; nous produisons toutefois encore de la vincennite et du phosgène mais' en petites quantités. Pendant la durée de la guerre, nous avons fabriqué :

```
16.000 tonnes de  phosgène ;
 2.000     —      tétrachlorosulfure de carbone ;
 4.000     —      vincennite ;
 2.000     —      d'ypérite ;
   500     —      bromacétone ;
   500     —      chloropicrine ;
   200     —      d'acroléine.
```

Nous avons fabriqué également divers autres produits, mais en moins grande quantité : iodure de benzyle, chloroformiate de méthyle chloré chlorosulfonate d'éthyle, etc.

Pour charger nos obus fumigènes ou nos grenades fumigènes, nous avons été amenés à produire de grandes quantités de chlorures, près de 7.000 tonnes.

Pour la formation des vagues, nous avons utilisé un mélange de chlore et de chlorure fumigène.

CHAPITRE IX

USINES DE GUERRE
ET PERSONNEL OUVRIER

A. — GRADATION DES EFFORTS

Pour mener à bien cette œuvre immense dont
nous n'avons entrevu que quelques manifesta-
tions, les établissements de l'État, les grandes
usines privées qui avaient l'habitude de travailler
pour lui ne pouvaient suffire. Au moment de
la grande crise, septembre-octobre 1914, on fit
appel à tout ce qui pouvait être de quelque utilité
pour la fabrication du matériel de guerre. Tout
atelier qui possédait un tour fut invité à tour-
ner des obus. Les usines qui n'en possédaient
pas furent employées à fabriquer des accessoires.
Les ateliers de réparations de bicyclettes fabri-
quèrent des gaines-relais, les ateliers d'horlogerie, des fusées, les ateliers de charrons, des
roues pour les essieux, les ateliers de modistes,
des masques pour nos soldats, etc.

Cette dispersion dans la répartition du travail
constitue la première phase de notre mobilisation

industrielle. On s'y résolut pour essayer de produire le maximum, sans s'occuper des prix de revient, des délais de livraison. Bientôt, on se rendit compte des inconvénients de ce système; il émiettait les responsabilités, ne permettait pas le travail en série, exigeait énormément de personnel. On s'efforça, peu à peu, de réduire le nombre des petites usines et d'augmenter l'outillage de celles qui avaient déjà un grand rendement. C'est la deuxième phase. Elle commence au printemps 1915, pour prendre fin avec l'année 1916.

A ce moment, la guerre se prolonge au delà de toute prévision; on ne peut savoir quelle sera sa durée; on s'outille donc pour produire à meilleur marché. De nouvelles usines, spécialement agencées pour la fabrication d'un seul produit, se créent là où elles trouvent soit la matière première, soit le combustible, soit la main-d'œuvre à bon marché. Pendant cette phase, on s'occupe très activement de l'utilisation de nos forces hydro-électriques. La diminution constante de notre production en combustible, les difficultés grandissantes pour importer du charbon d'Angleterre ou des États-Unis, par suite de la guerre sous-marine, rendaient cette mesure nécessaire.

Aussi, le nombre d'établissements privés travaillant pour la guerre pendant la période 1914-1918 n'est-il pas un indice de l'activité de notre industrie. Au contraire, il est en raison inverse de cette activité.

Le nombre moyen d'usines privées travaillant pour la guerre a été, en effet :

```
Pendant la première période de. . . . . . .  25.000
   —       deuxième période de . . . . .  20.000
   —       troisième période de. . . . . .  15.000
```

Le développement en personnel et en matériel de nos établissements de l'État, l'augmentation du personnel détaché au titre de la guerre dans les industries privées, permettent par contre de comparer l'effort industriel pendant ces différentes phases avec ce qu'il était en août 1914.

B. — AUGMENTATION DU PERSONNEL ET DES MOYENS

En août 1914, nous avions prévu que seules les usines de l'État et aussi, mais dans une moins grande mesure, certains grands établissements continueraient à travailler pour l'État.

Une décision de mars 1912 avait accordé :

```
Aux ateliers de construc-     { 300 non-affectations.
   tion. . . . . . . . .      { 100 sursis d'appel.
Aux cartoucheries. . . .        150 sursis d'appel.
A l'industrie privée. . .     2.500 sursis d'appel de 3 mois.
Aux  poudreries  natio-
   nales . . . . . . . . .    la non-mobilisation de leur
                              personnel (7.600 hommes).
```

soit, en tout, 11.000 hommes enlevés à l'avant, dont le tiers en sursis d'appel. Avec le personnel dégagé des obligations militaires, restant dans ces usines, avec des auxiliaires qui étaient prévus comme devant être embauchés dès la déclaration de guerre, on comptait que nous aurions de 45.000 à 50.000 hommes employés pour les besoins de la défense nationale, tant dans les établissements de l'État que dans les usines privées. C'est, très sensiblement, à quelques unités près, le chiffre du personnel qui fut employé effectivement pour nos fabrications de guerre en août 1914.

En novembre 1918, ce personnel est trente fois plus nombreux. Il est réparti comme suit :

> 1.440.000 hommes dans les établissements privés ;
>   175.000 hommes dans les établissements de l'État
>   (artillerie);
>   90.000 hommes dans les établissements de l'État
>   (poudrerie).

Le nombre d'employés dans les établissements de l'État ou dans les usines travaillant pour la guerre a progressé très rapidement d'octobre 1914 à décembre 1916; à partir de cette date, l'augmentation est devenue très lente jusqu'en janvier 1918, date à laquelle il se fixe à un chiffre à peu près constant, aux environs duquel il se maintiendra jusqu'à la fin de la guerre. Nous avions atteint notre effort maximum.

Pour fixer les idées, si on représente le personnel employé en août 1914 par le chiffre 1, ce chiffre s'augmente :

De deux unités par mois, jusqu'à décembre 1916;

De deux unités par trimestre, de décembre 1916 à janvier 1918,;

D'une demi-unité par semestre, après janvier 1918.

***

L'extension des établissements constructeurs d'artillerie est plus particulièrement caractéristique de l'effort fourni. Nous l'avons résumé dans le tableau ci-dessous, pour certains d'entre eux :

	SUPERFICIE EN MQ		FORCE MOTRICE EN CV		EFFECTIF OUVRIER	
	1914	1918	1914	1918	1914	1918
Poudrerie du Bouchet. . . .	625.000	1.000.000	250	900	550	4.500
Pyrotechnic de Bourges. . .	205.000	1.550.000	2.200	2.700	2.500	12.500
Ateliers de construction — de Bourges. .	180.000	470.000	1.800	3.500	1.600	8.500
— Lyon. . .	120.000	600.000	5.500	16.200	1.200	8.500
— Puteaux. .	27.000	350.000	500	2.800	800	6.500
— Rennes. .	220.000	1.600.000	1.400	5.000	1.500	15.000
— Tarbes . .	250.000	650.000	1.900	11.000	2.500	13.000
Atelier de fabrication de Toulouse.	950.000	1.000.000	350	6.000	800	16.000
Atelier de construction de Roanne (créé)	»	1.300.000	»	16.350	»	11.000
Atelier de chargement de Montluçon (créé).	»	1.000.000	»	700	»	11.000

L'effectif ouvrier de ces établissements est passé de 18.000 hommes en juillet 1914 à 160.000 hommes en novembre 1918.

Il a atteint son maximum — 170.000 — en
fin 1917. A part cette régression dans le nombre
d'ouvriers qui a eu lieu pour nos établissements
constructeurs d'artillerie de 1917 à 1918 et qui est
compensée par le plus grand développement de
nos industries chimiques et métallurgiques (fabrication de tanks en particulier) le nombre d'ouvriers des établissements d'artillerie de l'État a
suivi très sensiblement, comme progression, celle
que nous avons indiquée plus haut.

C. — RENVOI A L'USINE DE MOBILISÉS

Le recrutement d'un pareil nombre d'ouvriers
a été extrêmement difficile. Les armées réclamaient, chaque mois, de 150.000 à 200.000 hommes, pour compenser les pertes du front (morts,
disparus, prisonniers, blessés, malades); elles ten-
daient à absorber, pour leurs besoins, tous les
éléments jeunes de la nation. Aussi, est-ce en étu-
diant le recrutement du personnel de nos usines
de guerre qu'on se rend le mieux compte de la
complexité d'une mobilisation industrielle et qu'on
s'aperçoit le mieux du danger que nous avons
couru en 1914-1915, pour ne pas l'avoir préparée
jusque dans ses moindres détails.

En septembre 1914, pour organiser rapidement
la production des munitions, on décide d'aller
vite. La première mesure à prendre est d'empêcher de partir aux armées les ouvriers indispen-

sables, encore à leur poste. Le ministre autorise certains industriels qui ont été choisis pour centraliser les demandes et les desiderata des industriels d'une même région, à accorder des sursis provisoires à ces ouvriers, s'ils appartiennent à la réserve de l'armée territoriale, ou à les faire maintenir aux corps comme détachés aux usines, s'ils sont jeunes et appartiennent à une classe mobilisable.

Cette première mesure ne produit pas grand résultat. La plupart des spécialistes dont notre industrie métallurgique a besoin — c'est la seule qui ait été alertée à ce moment — sont des hommes dans la force de l'âge, c'est-à-dire des réservistes, ou des territoriaux, ou appartiennent aux classes sous les drapeaux. Tous sont au front, ou attendent dans les dépôts leur tour de départ pour rejoindre leurs régiments en campagne.

On rend d'abord à l'industrie les ouvriers qu'elle peut désigner nominativement et qui se trouvent encore dans les dépôts. Cette opération s'effectue d'autant plus facilement que ceux-ci, à cette date, regorgent de personnel. Le ministère de la Guerre leur demande, le 29 septembre, de fournir les listes d'ouvriers exerçant certaines professions. Sur ces listes, les directeurs régionaux d'industrie choisissent un certain nombre d'ouvriers. Pour activer le mouvement, le ministre prescrit télégraphiquement, le 11 octobre : 1º de diriger sur Paris tous les tourneurs et ajusteurs ayant travaillé dans des usines du département de la Seine ; 2° de rendre tous leurs ouvriers à une centaine d'usines, nominativement désignées et situées en province. Le 18 octobre, pour couper court à toute formalité administrative, le ministre autorise les industriels à aller personnellement dans les dépôts recruter le personnel dont ils ont besoin.

Ce système fonctionne, tant bien que mal, jusqu'en mai 1915. On se borne à le codifier, à essayer de faire disparaître les passe-droits, à récupérer les embusqués qui, quoique non ouvriers, se sont embauchés dans n'importe quelle usine pour ne pas aller au front.

En mai, au début de la deuxième phase de notre mobilisation industrielle, cette source de recrutement est à peu près tarie ; elle n'a pas donné le nombre d'ouvriers espéré. L'industrie, cependant, en réclame d'autres ; elle en a besoin pour activer la fabrication de notre artillerie lourde. Pour les trouver, il faut, en fin de compte, s'adresser là où ils sont tous, c'est-à-dire aux armées, tout en prenant nos dispositions pour ne pas affaiblir par trop nos effectifs au front.

Dans cette deuxième phase, on admet le double principe suivant : Les industriels peuvent réclamer nominativement ou numériquement les ouvriers qui leur sont nécessaires, mais toutes leurs demandes passent par l'Administration centrale, sont contrôlées par elle et soumises à l'agrément des armées, qui peuvent ne pas leur accorder satisfaction, si elles concernent des individus dont les armées ont elles-mêmes besoin pour assurer la marche de leurs services techniques.

Le 9 juin, le sous-secrétaire d'État à l'artillerie annonce cette décision aux industriels, par télégramme :

« Afin d'assurer les livraisons aux jours fixés du matériel commandé, vous voudrez bien me faire connaître télégraphiquement :

« 1° Le nom des ouvriers, quelle que soit leur classe, que vous réclamez comme indispensables, en me donnant tous les renseignements d'usage;

« 2° Le nombre d'ouvriers ou manœuvres qui, en outre des premiers, sont nécessaires à la fabrication, afin que nous vous les procurions. »

Dans leurs premières réponses, les industriels demandent les ouvriers nominativement. Le chiffre des ouvriers au front, ainsi réclamés, s'élève à 25.000 pour chacun des quatre mois de juin, juillet, août, septembre; il diminue ensuite régulièrement. Il est de 17.000 en octobre, de 15.000 en novembre, de 11.000 en décembre. En tout, ces demandes s'élèvent à 210.000, sur lesquelles 150.000 environ reçoivent satisfaction.

Le recrutement de la deuxième catégorie d'ouvriers est plus long à organiser; il ne commence à l'être sérieusement qu'en août 1915, date à laquelle on recense les ouvriers dans toutes les formations militaires; celles-ci établissent, pour chacun d'eux, une fiche de renseignements, de couleur différente, suivant qu'il appartient à l'active, à la réserve, à l'armée territoriale ou aux services auxiliaires. C'est à la vue de ces fiches, que les dépôts d'ouvriers les rappellent, suivant les demandes numériques des industriels. On fait ainsi revenir du front 350.000 hommes.

*
* *

Ce rappel hâtif, en quelques mois, de 500.000 hommes de nos armées, désorganise nos unités; il leur enlève, la plupart du temps, leurs éléments les plus jeunes. De plus, il produit mauvais effet sur ceux qui restent dans le rang. Ils ne peuvent comprendre eux qui continuent à souffrir dans la boue des tranchées qu'on ait besoin de tant de spécialités à l'arrière. Ils admettraient, à la rigueur, qu'un bon ajusteur, confirmé par dix ans de pratique, soit rappelé, mais ils s'élèvent contre ler envoi loin du danger commun, de vagues serruriers ou menuisiers qui ne savent rien faire de leurs doigts, s'en vantent et font étalage de leur astuce et de leurs protections. Ils n'admettent pas non plus, eux, dont la famille vit difficilement et dans les transes, que ceux qui désormais n'ont plus rien à craindre pour leur vie mènent à l'arrière une vie confortable, et ne travaillent que quelques heures par jour, tout en gagnant de hauts salaires.

Pour obvier à ces inconvénients, on s'efforce, peu à peu, de récupérer les ouvriers détachés dans les usines et appartenant aux plus jeunes classes. C'est le rôle des contrôleurs de la main-d'œuvre Répartis dans nos régions industrielles, ils ont à surveiller tous les ouvriers; ces derniers relèvent d'eux. Ils possèdent à leur égard, théoriquement, les pouvoirs disciplinaires d'un commandant d'unité. Ce corps de contrôleurs est malheureusement créé trop tard, de telle sorte que, pratiquement, il fonctionne difficilement; ceux qui en font partie ne reçoivent, au début, communication d'aucun renseignement; ils doivent se documenter et créer eux-mêmes leurs fiches de contrôle, d'après les enquêtes qu'ils font dans les diverses usines. Leur action se fait cependant sentir à partir de 1917; elle est telle que, dès janvier 1918, tous les militaires des classes 1911 et plus jeunes appartenant au service armé ont rallié leurs unités.

Nous pouvons agir ainsi parce que, dans cette troisième phase de la mobilisation de notre industrie, les mesures prises fin 1915 ou début de 1916, pour le recrutement de la main-d'œuvre civile, de la main-d'œuvre féminine, de la main-d'œuvre coloniale et de la main-d'œuvre étrangère, commencent à produire leurs effets.

D. — LE REMPLACEMENT DES MOBILISÉS A L'USINE

Le recrutement de la main-d'œuvre civile ne donne pas grand'chose. Cela se comprend facilement. A la mobilisation, les ouvriers civils restants sont peu nombreux. Ceux qui sont réellement des spécialistes sont déjà employés dans les usines; ils restent, bien entendu, à leur poste. Ceux qui ne sont que des manœuvres ne peuvent pas être d'une grande utilité, parce que âgés et ne convenant guère aux travaux de force.

Par contre, le recrutement de la main-d'œuvre féminine donne d'excellents résultats. Il est long à déclencher toutefois; il faut vaincre la répugnance de la famille française à laisser la femme travailler au dehors. Pour triompher de ce préjugé, le Gouvernement spécifie, dans les divers marchés, que certaines opérations dans les fabrications ne seront effectuées que par des femmes. On retire, en conséquence, des usines, le nombre de mobilisés correspondant à ce travail. Les industriels, pour tenir leurs engagements, sont obligés de trouver, coûte que coûte, de la main-d'œuvre féminine. Ils y parviennent en offrant de gros salaires. Le mouvement, une fois commencé, s'accélère rapidement. Le nombre de femmes employées dans les établissements privés travaillant pour l'État est de 285.000 en janvier 1917, de 310.000 en juin 1917, de 330.000 en janvier 1918, de 355.000 à l'armistice.

Nos colonies ont été, pour nous, également d'un grand secours pour le recrutement des travailleurs. Les Indo-Chinois nous ont fourni d'excellents ouvriers, les Malgaches et les Africains, de bons manœuvres. Nous avons même fait appel aux Chinois. Nous avons embauché dans nos usines des Suisses, des Espagnols; nous y avons employé des prisonniers de guerre pour y exécuter certains travaux de force.

A l'armistice, le nombre d'ouvriers employés dans les usines de l'État, dans les établissements privés travaillant pour l'État, est indiqué dans le tableau ci-après :

Catégories	privés	Établissements de l'État. Service de l'artillerie	Service des poudres	Total
Militaires. .	392.000	63.000	40.000	494.000
Civils . . .	894.000	80.000	27.000	1.001.000
Étrangers .	97.000	8.000	3.000	108.000
Coloniaux .	24.000	19.000	17.000	61.000
Prisonniers de guerre .	35.000	4.000	500	40.000
Totaux .	1.442.000	174.000	87.500	1.704.000

Pour permettre à nos lecteurs de se rendre mieux compte des efforts fournis par nos classes âgées et par nos femmes, pendant la guerre, et de l'aide que pourraient nous apporter, dans un prochain conflit, les étrangers et nos coloniaux, nous avons détaillé ci-dessous les chiffres que nous avons indiqués globalement ci-dessus, pour les quatre premières catégories :

I. — *Militaires.*

Catégories	privés	Établissements de l'État — Service de l'artillerie	Service des poudres	Total
Armée active.	»	100	250	350
Réserve armée active. .	50.000	3.000	750	53.750
Armée territoriale . . .	94.000	7.900	4.000	105.900
Réserve A.T .	135.000	20.000	13.000	168.000
Service auxiliaire. . . .	113.000	32.000	22.000	167.000
Totaux .	392.000	63.000	40.000	494.000

II. — *Civils.*

	privés	Service de l'artillerie	Service des poudres	Total
Hommes . . .	396.000	24.000	4.000	425.000
Mutilés. . . .	13.000	—	—	13.000
Femmes. . . .	354.000	55.000	22.000	430.000
Enfants au-dessous de 18 ans.	131.000	1.000	1.000	133.000
Totaux. .	894.000	80.000	27.000	1.001.000

III. — *Étrangers.*

Principales nationalités employées	Établissements		Total
	privés	de l'État	
Anglais	1.200	20	1.220
Belges.	19.000	1.600	20.600
Italiens	21.000	5.000	26.000
Portugais	3.500	600	4.100
Russes.	3.000	30	3.030
Serbes.	1.200	700	1.900
Espagnols	27.000	250	27.250
Grecs	6.500	700	7.200
Suisses.	5.200	50	5.250

IV. — *Coloniaux.*

	privés	de l'État	Total
Malgaches	—	2.100	2.100
Chinois	6.800	3.000	9.800
Marocains	6.300	1.800	8.100
Kabyles.	4.300	6.000	10.300
Arabes.	3.000	6.000	9.000
Annamites.	3.500	20.500	24.000
Tunisiens.	—	2.300	2.300

CHAPITRE X

L'AIDE DE LA MARINE A LA GUERRE

Le 2 août 1914, la Marine suspend la plupart de ses travaux. Elle croit, elle aussi, à des hostilités de courte durée. Elle estime donc inutile de poursuivre toute construction qui ne pourra pas être terminée avant longtemps ; elle se borne à achever les réparations en cours et à mettre en état de prendre la mer les unités dont l'achèvement peut être escompté dans un délai de trois mois. Elle est confirmée dans cette opinion par le fait que l'industrie, désorganisée par la mobilisation, ne peut fournir les commandes qui lui ont été faites. Les ports ne reçoivent plus les machines, les tourelles, les plaques de blindage, les moteurs qui leur sont indispensables pour achever les navires en construction.

La Marine, en arrêtant une partie des travaux en cours, se trouve disposer d'un excédent de personnel. Croyant que l'issue de la guerre dépendra des premières batailles, elle pense qu'elle doit contribuer à grossir nos effectifs en première ligne.

Elle se prive, au profit de la Guerre, d'une grande partie de ses ingénieurs et de son personnel. Dès le début d'août, elle dirige sur les dépôts de l'armée 89 ingénieurs et 134 officiers des directions des travaux, soit la moitié de ses cadres des constructions navales ainsi que tous les jeunes ouvriers ayant déjà effectué leur service militaire, mais n'ayant pas encore un temps suffisant de présence dans l'arsenal pour être placés dans une catégorie de non-affectation. Elle mobilisera ensuite :

Le 15 août, ses ouvriers de la classe 1914;

Le 20 août, ses réservistes des classes 1905 à 1910, quelles que soient leurs catégories;

Fin août, ses ouvriers gradés de la réserve ou de l'armée territoriale.

Le 12 septembre, ses réservistes des classes 1900 à 1904, mais avec quelques restrictions;

Le 15 décembre, ses ouvriers de la classe 1915.

Malgré ces mobilisations successives, il lui reste du personnel inutilisé. Dès nos premiers revers, elle sent la nécessité de collaborer à la défense du territoire en contribuant à recompléter notre armement. Elle met à la disposition de la Guerre ses arsenaux et tous ses moyens de production. Elle l'aidera puissamment pendant toute la durée des hostilités, à tel point que, sur les 3 milliards de travaux qu'elle effectue pendant la période 1914-1918, 2 seront consacrés aux fabrications de la Guerre.

A. — LES DEMANDES DE LA GUERRE

Jusqu'à la mi-septembre, la Guerre demande à la Marine de construire du matériel accessoire d'infanterie et d'artillerie :

Des objets de campement : gamelles, bidons;

Des outils d'infanterie : bêches, pioches, pelles;

Des articles d'équipement : bretelles, cartouchières;

Des voitures de toutes sortes, depuis les voitures pour blessés jusqu'aux fourgons-forge;

Des ponts-routes.

Grâce à la diversité de ses ateliers, à l'entraînement de son personnel, la Marine peut satisfaire à tous ces besoins.

Le 11 septembre, lorsque la Guerre s'aperçoit de son déficit en munitions d'artillerie, elle demande que les fractions des commandes précédentes qui n'ont pas encore été livrées soient classées en deuxième urgence et que la Marine affecte tous ses moyens à la fabrication des obus de 75. Il faut, avant tout, fournir des munitions à notre artillerie.

La coopération de la Marine à cette œuvre de salut public est vite réglée. Tout est arrêté à la suite de deux conférences entre les représentants des deux ministères, les 20 et 26 septembre. La Marine, non seulement apporte le concours de ses arsenaux et de ses établissements personnels (Ruelle, Guérigny), mais encore se charge de la

répartition des commandes entre les usines privées avec lesquelles elle a l'habitude de travailler
ainsi que de la surveillance des fabrications qui y
seront effectuées.

L'aide de la Marine ne se limite pas à la production d'obus de 75. La Guerre lui demande :

De fabriquer des obus pour une partie de l'artillerie lourde en service dans ses armées ;

De transformer un certain nombre de pièces
marines de gros et de moyen calibre de manière
à pouvoir utiliser leur grande portée pour l'exécution des tirs d'interdiction lointains ;

D'étudier la fabrication de matériels d'artillerie
nouveaux à grande vitesse initiale ;

D'établir des tables de tir ;

De fabriquer des accessoires pour l'infanterie ;

De fabriquer des fusées, des gaines-relais ;

De charger des obus.

L'aide de la Marine est matérialisée par l'état
de ses cessions à la Guerre pendant les années
1913 à 1918. Il a été :

```
En 1913 de        30.000 francs
En 1914 de   3.920.000     —
En 1915 de  61.300.000     —
En 1916 de 112.170.000     —
En 1917 de 424.450.000     —
En 1918 de 791.400.000     —
```

B. — L'ORGANISATION ADOPTÉE PAR LA MARINE

La Marine se heurte à une première difficulté :
l'éparpillement de ses établissements sur tout le

territoire national. Pour pouvoir en obtenir un bon rendement avec des prix de revient aussi faibles que possible, elle est amenée, dès le début, à centraliser en un service distinct tout ce qui se rapporte à ces fabrications. Ce service, le S. C. F. O. A. (Service de centralisation des fabrications et obus de l'armée), est organisé le 3 octobre. Limité d'abord à la production des obus de 75, son champ d'action est rapidement étendu. Finalement, il contrôlera toutes les fabrications relatives :

> Aux obus de 75, de 37, de 90, de 95 (en fonte aciérée), de 220 (en acier);
> Aux affûts de 75 et de 155 C. S.;
> Aux bombes D. et D. L. S.

Il étendra même sa surveillance aux usines privées ayant l'habitude de travailler avec la Marine, et qui lui sont rattachées pour les travaux. Elles forment un groupement autonome, appelé « groupe marine ». Ces usines privées ne sont pas au courant de la fabrication des obus; elles manquent de l'outillage nécessaire pour les produire. Il faut les mettre en situation de sortir rapidement des projectiles. La Marine s'y emploie de son mieux, et, pour cela, avec ses ingénieurs, elle organise bien avant la Guerre la surveillance technique des usines qui relèvent d'elle. A la vérité, elle était déjà orientée dans cette voie. Avant guerre, elle avait l'habitude de faire suivre par ses ingénieurs ou par ses contremaîtres l'exécution de toutes les grosses commandes faites à l'industrie privée. Elle voulait être sûre que le matériel qui lui serait livré serait d'excellente qualité.

Grâce aux connaissances techniques de son personnel d'ingénieurs et de surveillants, qu'elle a rappelés du front, la Marine organise facilement ce service de surveillance. Elle peut même, à certains moments et pour certains travaux, détacher dans les usines privées quelques spécialistes. Elle passera des marchés jusqu'en Suisse et en Italie.

Cette organisation achevée, la Marine se heurte à une deuxième difficulté : le ravitaillement en matières premières.

D'après son accord avec la Guerre, elle l'assure pour tout son groupe industriel. Au début, elle ne se préoccupe pas de cette question. Elle vit sur les stocks de ses arsenaux, mais ceux-ci s'épuisent vite. La Guerre, qui avait promis de fournir tout ce qui serait nécessaire aux fabrications entreprises pour elle, ne peut tenir ses engagements.

La Marine, pour distribuer à ses établissements, d'après l'ordre d'urgence de leurs travaux, les matières premières au fur et à mesure qu'elle se les procure, crée un service centralisateur des approvisionnements en matières premières. Ce service réclame aux divers comités ou commissions, qui achètent tant en France qu'à l'étranger, les quantités dont il a besoin. Il n'obtient pas toujours entièrement satisfaction. La Marine s'ingénie à combler ce déficit. C'est pour cela que, par exemple, elle active en fin 1914 la construction d'un four de 40 tonnes à l'aciérie de Guérigny, qu'elle porte la production de cette aciérie

```
de   3.500  tonnes  en 1914
à   9.000     —      en 1915,
à  14.500     —      en 1916,
et à 28.500     —      en 1917.
```

Malgré ces efforts, le ravitaillement en matières premières n'est pas toujours assuré en temps utile, d'où des retards dans la production et, par suite, dans la livraison. Certains produits mi-manufacturés sont parfois d'une qualité inférieure. Le port de Toulon le signale souvent, notamment dans un rapport du 30 juin 1916.

La Marine reçoit directement de la Guerre, pendant la période 1914-1918 :

```
290.000 tonnes de fers et d'aciers ;
 85.000     —     d'autres métaux ;
520.000     —     d'obus ;
 65.000     —     de poudre et d'explosifs.
```

Son service centralisateur met à la disposition de ses diverses parties prenantes :

```
840.000 tonnes de charbons industriels ;
570.000     —     d'aciers rigides ;
150.000     —     de tôles, de cornières, de pro-
                  filés, etc...
```

représentant une valeur de 450 millions.

Pour mettre en œuvre ces énormes approvisionnements, la Marine se heurte à une troisième difficulté : le manque d'outillage approprié. Cette difficulté est plus facilement vaincue que la précédente. On utilise d'abord, tant bien que mal, l'outillage existant. Lorient remet en état des tours destinés à être cédés aux Domaines pour être vendus ; avec chacun de ces tours, le port sort 3.000 obus par jour. La Marine s'organise peu à peu pour substituer les obus emboutis à la presse à ceux obtenus par forage. Elle achète des marteaux-pilons, des presses hydrauliques, des perceuses, des fraiseuses, des raboteuses, etc. La valeur de l'outillage spécialement acheté pour les besoins de la Guerre s'élève à plus de 36 millions de francs.

C. — LES RÉSULTATS OBTENUS

La Marine a fourni, pendant la période 1914-1918, à la Guerre :

a) 29.200.000 obus de 75 en acier, plus 725.000 ébauches.

Sa production journalière s'est vite améliorée. Elle passe de 100 au début de novembre 1914 à 15.000 en juin 1915 et à 33.000 en décembre 1916.

A ce moment, la Guerre lui demande de ralentir cette production, pour intensifier celle des obus de l'artillerie lourde. Mais les fabrications lancées ne peuvent s'arrêter immédiatement. Le maximum de rendement sera obtenu en mars 1917 ; il sera de 34.400 obus par jour. La production diminue graduellement jusqu'en juin 1918, où elle n'est plus que de 12.000 par jour. Désormais, elle ne variera plus beaucoup; elle atteindra 14.000 en juillet pour redescendre à 13.000 à l'armistice.

b) 270.000 obus de 220, dont 95.000 ont été fournis par les arsenaux et le reste par les usines privées du « groupe marine ».

La Guerre avait demandé à la Marine en juillet 1915 de fabriquer ces obus. Les premiers lui ont été livrés en février 1916 (sept mois après). Dès janvier 1917, cette fabrication atteignait par jour le chiffre de 570. Elle aurait pu être intensifiée. Ce fut la Guerre qui limita la production.

c) 600.000 obus de 95^{mm} en fonte aciérée. Le délai de démarrage pour ces obus a été du même ordre de grandeur que pour les 220. Commandés en décembre 1914, les premiers ont été fournis en juillet 1915. On a supendu leur fabrication en novembre 1917.

d) 26.000.000 d'obus de 37^{mm} en fonte brute;

e) 520.000 bombes D et D. L. S. ;

f) 340.000 grenades à main;

g) 10.400.000 douilles, dont 9.750.000 pour le 105;

h) des obus en acier de 27^{cm} et de 30^{cm} ainsi que des obus explosifs de 105;

k) des fusées en très grand nombre, plus de 55 millions. Toulon prit la tête de cette fabrication et en surveilla la production;

l) des gaines-relais, pour transmettre l'explosion de la fusée à la charge du projectile. Les usines privées du « groupe marine » en confectionnèrent 17 millions, l'atelier de Ruelle près de 5 millions ;

m) des obus explosifs de 105 mm ;

n) des obus explosifs de 27 cm ;

o) des obus explosifs de 30cm ;

p) des douilles en très grand nombre, 10.500.000, dont plus de 9.500.000 pour le 105.

En plus de ces munitions, la Marine a mis en état de servir sur le front divers modèles de canon débarqués de nos vieux cuirassés ; elle en a usiné d'autres de types nouveaux. Dès octobre 1914, elle expédie à Verdun des canons de 16cm débarqués d'anciens bâtiments et des canons de 14cm destinés à des cuirassés en construction. Ils partent tels quels ; à Verdun, on les utilise avec des affûts de fortune. En février 1915, avec le concours de la Société des Batignolles, la Marine expédie, sur le front, 8 canons de 24cm. Ce même mois, avec l'aide de Ruelle, elle équipe, sur wagons à boggies, 8 canons de 305mm. Ruelle fabrique, pour la Guerre, des obusiers de 40cm, des canons de 34cm, de 30cm, de 27cm, de 24cm, de 16cm, de 14cm, de 65mm. Il transforme des canons de 42cm en obusiers de 52cm, des canons de 30cm en obusiers de 37cm, des canons de 32cm en obusiers de 34cm, des canons de 34cm en obusiers de 40cm, des canons de 145mm en canons de 155mm, des canons de

140mm en canons de 145mm, des canons de 100mm en canons de 105mm. Pendant toute la durée de la guerre, les arsenaux de la Marine fabriquent sans arrêt des voitures de toutes catégories — ils en produiront plus de 25.000 — et ses pyrotechnies chargent des projectiles — elles utiliseront plus de 130.000 tonnes de poudre et d'explosif !

Ces chiffres prouvent combien l'aide de la Marine, pendant cette guerre, a été effective.

D. — LE PERSONNEL OUVRIER

Ces résultats ont été obtenus avec un personnel relativement peu nombreux. Sans doute, les effectifs d'ouvriers et d'employés des arsenaux et des établissements de la Marine ont crû régulièrement. Ils sont passés :

De 32.100 le 1er août 1914
à 28.000 le 1er octobre 1914 ;
à 31.100 le 1er janvier 1915 ;
à 33.700 le 1er juillet 1915 ;
à 43.900 le 1er janvier 1916 ;
à 52.700 le 1er juillet 1916 ;
à 60.500 le 1er janvier 1917 ;
à 64.300 le 1er juillet 1917 ;
à 64.700 le 1er janvier 1918 ;
à 62.300 le 1er juillet 1918.

Le chiffre des ouvriers français dans nos arsenaux, lui, n'a subi que des variations beaucoup plus faibles; il a oscillé de 31.000 à 44.000; il a présenté un minimum le 1er octobre 1914, où il était de 27.500. Les gros effectifs de 1917 et de 1918 ont été obtenus en embauchant des ouvrières et des ouvriers coloniaux. Nous indiquons, dans le tableau ci-dessous, leur nombre au commencement de chaque semestre.

	Ouvrières	Ouvriers coloniaux
Le 1er août 1914.	550	—
— 1er janvier 1915. . . .	1.100	—
— 1er juillet 1915	2.250	—
— 1er janvier 1916. . . .	4.350	—
— 1er juillet 1916	9.700	—
— 1er janvier 1917. . . .	12.450	1.600
— 1er juillet 1917	14.600	5.050
— 1er janvier 1918. . . .	14.450	5.650
— 1er juillet 1918	14.000	5.300

Par cette statistique on voit que, à la fin de la guerre, la proportion d'ouvrières était très élevée par rapport à l'effectif total; elle était de plus de 20 %. La Marine a fait l'impossible pour embaucher de la main-d'œuvre féminine et réduire d'autant le nombre d'ouvriers retirés du front. Dans l'application de cet excellent principe, elle est allée peut-être trop loin. A Toulon, notamment, elle a accepté toutes les femmes qui se présentaient, sans aucune enquête, sans aucune discrimination, d'où, pour certaines d'entre elles, un mauvais rendement, des absences multipliées et que rien ne justifiait. Dans d'autres ports, au contraire, où la main-d'œuvre féminine a été mieux sélectionnée, elle a donné d'excellents résultats. C'est là un enseignement à retenir pour l'avenir. La main-d'œuvre féminine doit être étroitement contrôlée ; elle doit savoir que, à l'instar de ce qui se fait dans les usines privées, le renvoi immédiat peut lui être immédiatement appliqué.

La Marine n'a employé qu'un nombre assez restreint d'ouvriers coloniaux. Cela provient de ce qu'elle n'a pas toujours reçu satisfaction aux demandes faites par elle pour obtenir des travailleurs coloniaux. C'est un recrutement qu'il faudrait reprendre en cas de guerre nouvelle.

Comme pour les établissements de la Guerre, ce n'est pas, à la fin de 1918, que ceux de la Marine ont compté le maximum de personnel. Celui-ci a été atteint le 1er octobre 1917 ; il était de 65.1000 ouvriers.

E. — LES PRIX DE REVIENT

Le groupe des établissements d'État de la Marine (sans les usines privées qui lui ont été rattachées), avec ses 50.000 ouvriers et ouvrières, est comparable aux grands groupements industriels constitués pendant la guerre, en réunissant sous une même direction les usines d'une même région. Ce qui le différencie de ces derniers, c'est que, malgré les premières mesures de mobilisation, qui lui ont enlevé une partie de ses cadres, il a continué à former un ensemble organisé, bien en main, avec ses directeurs, ses ingénieurs, ses contremaîtres, qui a pu venir rapidement en aide à la Guerre, bien que non outillé spécialement pour les fabrications dont il a été chargé, parce que personnel et cadres se connaissaient, s'appréciaient. Tous n'avaient pas été dispersés à la mobilisation. Les éléments essentiels étaient restés sur place; autour d'eux, les forces nouvelles se sont rassemblées facilement.

Ce sont des groupements semblables que nous devrions nous attacher à former, pendant la période de paix, en orientant nettement leurs cadres sur les fabrications qu'on attend d'eux, de façon qu'ils puissent s'outiller en conséquence. Le rendement de ces grands groupements serait très supérieur à celui obtenu par une réunion de petites usines. Ils seraient faciles à actionner, à diriger, à surveiller. Enfin, leurs prix de revient seraient inférieurs, certainement, à ceux qu'on pourrait obtenir des petits groupements.

Les prix de revient de la Marine ont été les plus bas de ceux obtenus pendant la guerre. Par exemple, si on compare les prix de revient de la fabrication de l'obus de 75 pendant la même période, 1° dans ses établissements d'État, 2° dans les usines privées qui ont été rattachées au « groupe marine », on constate que les premiers sont toujours restés très inférieurs aux seconds. Nous avons résumé cette comparaison dans le tableau ci-après, extrait des documents parlementaires (1).

Industriels	Période de livraison	Importance de la commande	Prix moyen	Prix de revient correspondant de la Marine
		Obus		
Hauts fourneaux du Tarn. . . .	1914 - 1915	60.000	13ᶠ 75	10ᶠ 05
Société métallurgique de l'Ariège.	—	· 100.000	13 77	10 05
Société française des torpilles Whitehead. . .	1915	4.000	13 »	10 05
Forges et chantiers de la Seyne.	1915 à 1917	830.000	9 85	7 47
Forges et chantiers de Marseille.	1915 à 1917	2.230.000	9 84	7 47
Ateliers et chantiers de la Loire	1916	1.400.000	9 47	7 47
Ateliers et chantiers de Bretagne	1918	310.000	7 40	7 20

La Marine, bien qu'ayant largement prévu, dans le prix de revient de toutes ses fournitures, les frais d'amortissement de son matériel et ses frais généraux, a livré ses obus de 75 à un prix inférieur du tiers à celui demandé par les usines privées de son « groupe marine ».

____

(1) Rapport au ministre de la Marine sur les comptes des travaux effectués de 1915 à 1918 (*Journal officiel* du 25 juillet 1924).

Elle a même fabriqué des fusées à des prix de revient inférieurs à ceux des établissements de la Guerre, spécialisés, depuis longtemps, dans cette production. Dans la fusée 24/31, le travail de décolletage lui est revenu à elle, au point de vue prix de façon :

> à 1f 60 en 1914;
> à 0f 84 en 1915;
> à 0f 55 en 1916;
> à 0f 32 en 1917.

En 1918, les prix ont baissé encore. Ils sont constamment restés très au-dessous de ceux payés directement par la Guerre et qui étaient de :

> 2f 50 et plus en 1914;
> 2f 50 au début de 1915;
> 1f 50 en 1916;
> 1f » en 1917.

Quand ces différences s'appliquent sur des quantités de plusieurs millions d'objets, on conçoit combien l'aide de la Marine à la Guerre a été heureuse pour notre budget et combien il est à souhaiter qu'on parte des enseignements que fournit l'examen de ces comptes pour préparer la mobilisation des grosses forces industrielles de notre pays.

CHAPITRE XI

CONCLUSION

———

L'effort effectué par la France d'août 1914 à l'armistice a été formidable. Certains de nos industriels ont réalisé des prodiges; beaucoup d'entre eux ont, pendant toute la guerre, mené une vie de labeur intense, restant à leur usine ou dans leur bureau de dessin du matin jusque fort tard dans la nuit, afin d'accroître le rendement de leurs ateliers; ils n'ont connu ni dimanches, ni jours de fête. Beaucoup d'ouvriers ont fait comme eux et ont déployé le maximum d'énergie. Les ouvrières se sont mises gaiement et ardemment au travail, afin de doter du matériel nécessaire les armées, où elles avaient toutes, qui un frère, qui un mari, qui un père. On ne dira jamais assez quel fut cet effort de l'arrière, en particulier, le prodigieux désir de tous nos savants, de venir en aide aux combattants. Pour leur fournir une arme plus perfectionnée, ou un engin de défense plus efficace, la plupart s'enrôlèrent dans nos usines, travaillèrent sans arrêt dans nos commissions. Leur labeur désintéressé fut souvent pro-

ductif. Nous rendons hommage à tous ces combattants de l'arrière, depuis celui qui réalisa le
tank, jusqu'au plus modeste tourneur d'obus de
75, depuis celui qui mit au point la fabrication
de l'ypérite, jusqu'à l'ouvrière employée à la fabrication des masques. Il faut constater cependant
que malgré leur dévouement, malgré leurs efforts,
les besoins de nos armées n'ont jamais été satisfaits
en temps utile. Toujours ou presque toujours
(dans la fabrication des tanks, par exception,
nous avons devancé l'ennemi) l'armée allemande a disposé avant nous des armes que nos
troupes réclamaient depuis de longs mois.

La faute en est imputable à la conception erronée
que nous nous étions faite de la guerre. Nous
n'avions pas prévu la mobilisation industrielle
du pays; nous ignorions ce qu'elle devait être;
nous n'avions même pas recensé, parmi les usines
du territoire, celles susceptibles de concourir à nos
fabrications de guerre; nous nous étions contentés
de l'armement existant, sans essayer de mettre
au point un matériel plus perfectionné, et dont
on entrevoyait déjà les caractéristiques principales; nous n'avions pas pensé à préparer l'armement de demain. Aveuglés par la folie du
nombre, nous avions poussé dans les rangs de
l'armée pour grossir ses effectifs tous ceux qui,
par leur âge ou par leur état physique, pouvaient
supporter les fatigues de la guerre, sans nous
inquiéter de savoir si là était bien leur place, s'ils

n'auraient pas rendu plus de services à l'arrière, à la tête de leur usine ou près de leurs cornues dans leur laboratoire. La faute de ces retards dans les livraisons est imputable également à l'extrême timidité avec laquelle nous nous sommes lancés dans les fabrications nouvelles. Nous n'avons jamais osé voir grand. Que de fois n'avons-nous pas retardé la passation de commandes importantes, de peur qu'elles ne soient pas livrées avant la fin de la guerre? Il a fallu attendre 1917, pour que nous préparions des projets à longue échéance.

Dans ces conditions, il ne faut pas s'étonner que nos armées n'aient jamais reçu qu'avec des retards d'un an à un an et demi ce qu'elles demandaient, que le temps de démarrage pour chaune de nos industries de guerre ait été si long. Espérons que la dure leçon de la guerre aura porté ses fruits, que notre mobilisation industrielle sera bientôt une réalité, et que, le cas échéant, elle se déclen'herait dans le minimum de temps. Du soin avec lequel elle sera montée, de la perfection avec laquelle seront réglés tous ses détails, même ceux qui paraissent les plus infimes, dependra, peut-être, le salut du pays.

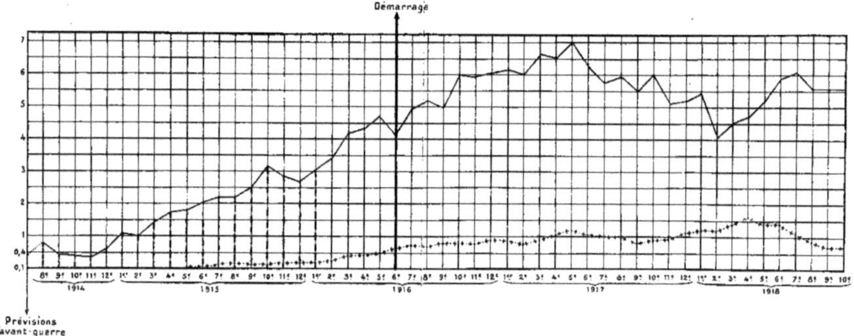

a) Fabrication des obus
(Fabrication mensuelle. — Tous les chiffres représentent des millions.)
Démarrage
Prévisions d'avant-guerre
1914
1915
1916
1917
1918
Fabrication des obus de 75.
—   —   155.

b) Fabrication du matériel de 75

(par semestre).

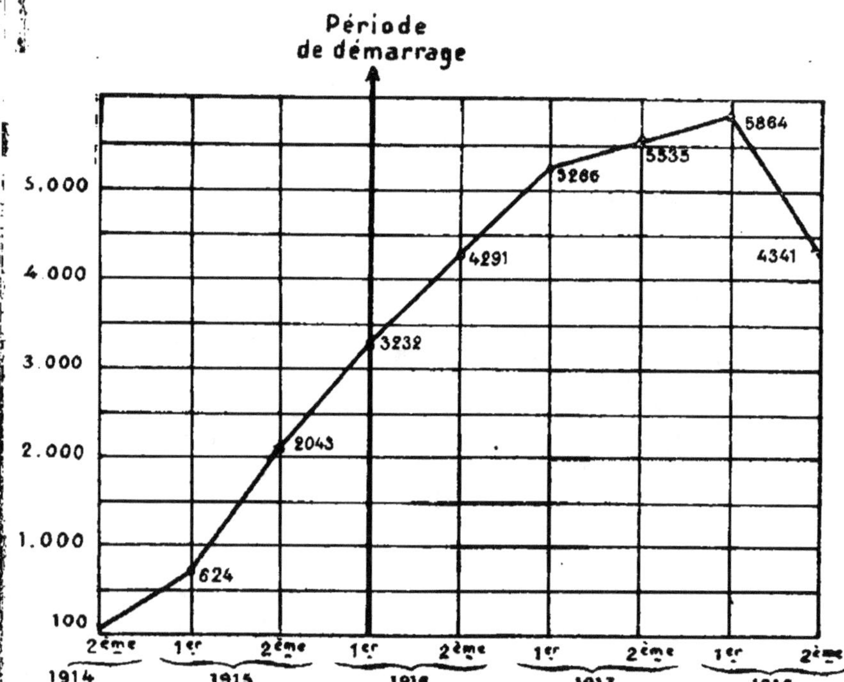

La production baisse dans le deuxième semestre 1918, par suite de l'arrêt des fabrications le 10 novembre.

c) Fabrication du matériel d'artillerie lourde
(par semestre).

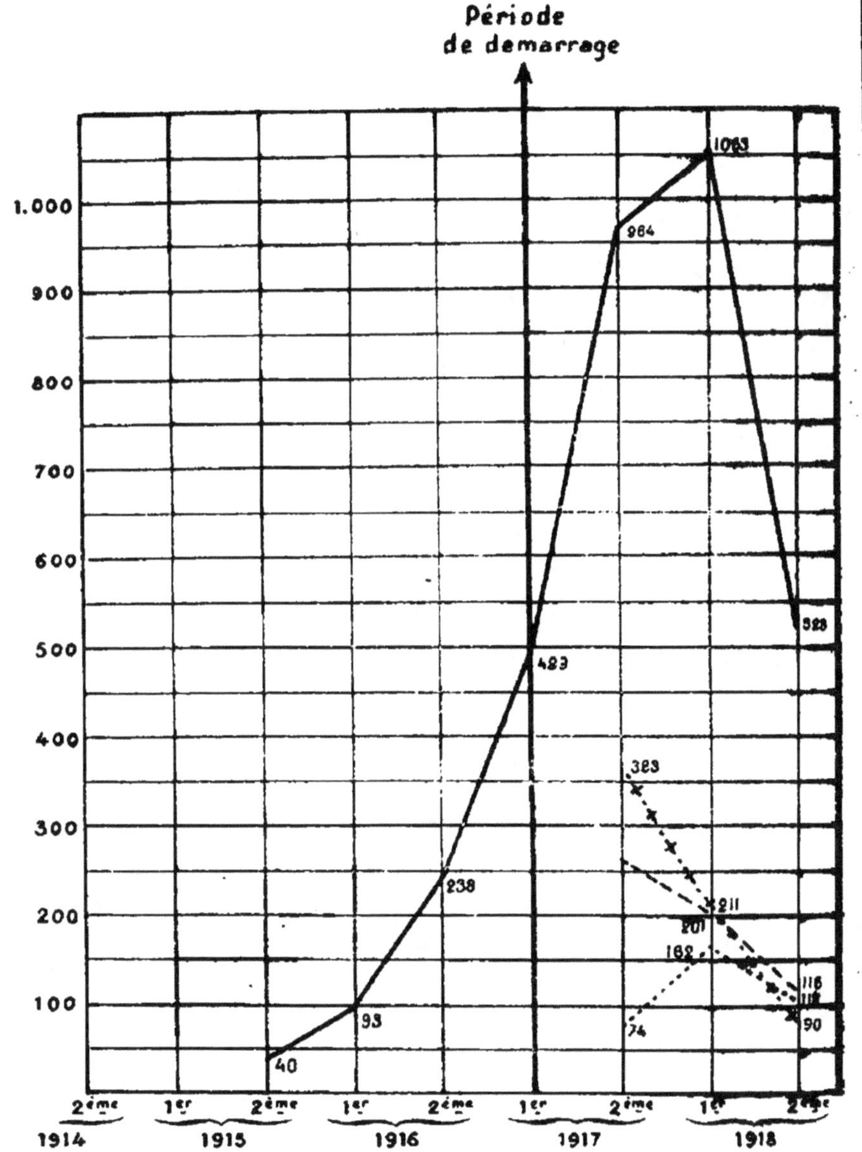

Période
de demarrage

1.000
900
800
700
600
500
400
300
200
100

1063
984
523
483
383
238
211
201
162
118
112
93
90
74
40

2ᵉᵐᵉ | 1ᵉʳ | 2ᵉᵐᵉ | 1ᵉʳ | 2ᵉᵐᵉ | 1ᵉʳ | 2ᵉᵐᵉ | 1ᵉʳ | 2ᵉᵐᵉ

1914 — 1915 — 1916 — 1917 — 1918

155 C. ————
155 L. - - - - -
155 G P F + - + - + - + - +
220 C. Mˡᵉ 1916 . . . .

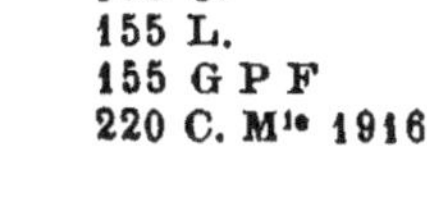
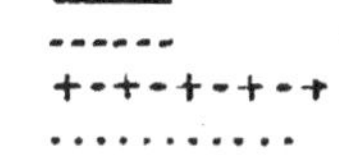

d) Graphique des importations mensuelles de poudres américaines.

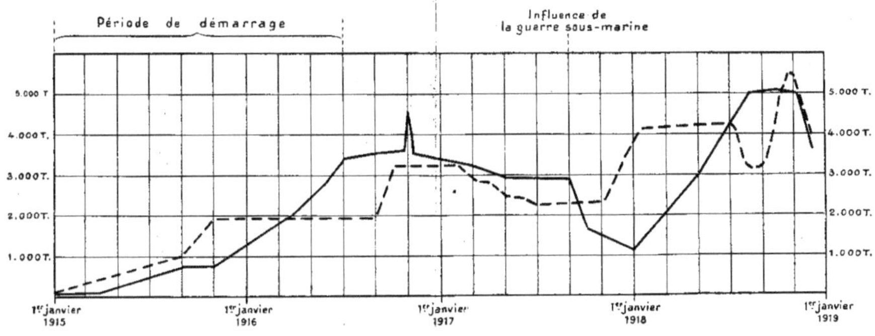

Nota. — Ce graphique a été schématisé de manière à faire ressortir l'allure générale des importations. Il ne faudrait pas chercher à en déduire des valeurs absolues. Notamment en ce qui concerne les livraisons effectives, la courbe exacte présente beaucoup plus de variations en raison des irrégularités de transport. La courbe figurée ci-dessus représente une moyenne.

TABLE DES MATIÈRES

TOME I

DES FABRICATIONS DE GUERRE EN FRANCE DE 1914 A 1918

IMPRIMERIE BERGER-LEVRAULT, NANCY-PARIS-STRASBOURG